道路照明施設設置基準・同解説

平成 19 年 10 月

公益社団法人　日本道路協会

序

　道路照明施設は，夜間において，あるいは昼間時のトンネルのように明るさが急変する場所において，道路状況，交通状況を的確に把握するための良好な視環境を確保し，道路交通の安全，円滑を図ることを目的としたものであり，交通事故防止に極めて効果の高い交通安全施設である。

　道路照明施設の整備に関する一般的技術的基準を規定した「道路照明施設設置基準」は，昭和42年に建設省より通達され，その後，昭和56年に改訂された。その基準の適切な運用に資するため，基準改訂の主旨等を解説した「道路照明施設設置基準・同解説」を同年，日本道路協会より発刊し，現在に至っている。

　しかし，同基準の改訂から26年余が経過しており，その間，光源の高効率化，照明器具の光学性能の向上，CAD導入による照明設計の高度化など，照明技術が進歩してきており，かつ新照明方式の採用も要請されているところである。加えて，ユニバーサルデザインに関する社会ニーズの高まりから歩道照明の基準化等の要請もある。

　このような背景にある中，平成19年9月，国土交通省において「道路照明施設設置基準」が全面改訂された。

　本書は，交通工学委員会，同小委員会のもとに照明施設分科会，トンネル委員会，同小委員会のもとにトンネル照明施設分科会をそれぞれ設置し，国土交通省内はもとより，関係機関の各分野の専門家の協力を得，両分科会合同の審議を経て，改訂された同基準の解説書としてとりまとめられたものである。

　本書が道路照明施設の整備にあたって十分活用され，道路照明施設の適正な整備の一助となることを期待するものである。

　　平成 19 年 10 月

　　　　　　　　社団法人　日本道路協会会長　藤　川　寛　之

ま え が き

　道路照明，トンネル照明に関する技術基準として，昭和42年4月に「道路照明施設設置基準」が建設省道路局長より通達され，その後，昭和56年3月に同基準の改訂がなされ，建設省都市局長，道路局長から通達されている。また，その基準の適切な運用に資するため，基準改訂の主旨等を解説した「道路照明施設設置基準・同解説」が日本道路協会から発刊され，現場技術者のよりどころとして大いに活用されているところである。

　しかし，昭和56年の改訂以降26年余が経過し，光源の高効率化，照明器具の光学性能の向上といった技術の進展と，省エネルギー化・コスト縮減といった社会的要請から本基準の改訂が必要となった。

　そこで，(社)日本道路協会の交通工学委員会，およびトンネル委員会の各小委員会の傘下に本基準の改訂原案を検討する照明施設分科会，トンネル照明施設分科会をそれぞれ設置し，平成18年度より検討を行い，両分科会合同の審議を経て成案を得た。

　これを踏まえて本基準が改訂され，国土交通省都市・地域整備局長，道路局長より平成19年9月に通達されたところである。

　本基準の改訂の要点は以下のとおりである。

① 技術の進展に柔軟に対応できるよう，従来の仕様規定から性能規定に転換し，道路照明施設の性能を規定

② 「高齢者・障害者等の移動等の円滑化の促進に関する法律」の施行などユニバーサルデザインに関する社会ニーズの高まりを踏まえ，歩道の照明等を新設

③ 直線ポール対応の道路灯，トンネル照明の新しい照明方式の採用等，新技術を導入

　本書は，本基準の適切な運用に資するために基準改訂の主旨等を解説したものであり，道路照明施設整備に携わる技術者が計画，設計，施工および維持管理を

円滑に行えるようとりまとめた.本基準が道路照明施設の適切な整備の一助となれば幸いである.

　おわりに,本書の作成に携った多くの方々の熱心な協力に心から謝意を表する次第である.

　平成 19 年 10 月

交 通 工 学 委 員 会　　　トンネル委員会
交通安全施設小委員会　　トンネル付属施設小委員会
照 明 施 設 分 科 会　　　トンネル照明施設分科会

交通工学委員会

委員長 荒牧 英城

交通安全施設小委員会

小委員長 下保 修

照明施設分科会

分科会長 岡 邦彦

委員
（五十音順）

赤坂 俊幸	有村 真二	老沼 宏二
小川 博之	池口 正晃	倉重 毅
小林 浩之	小輪瀬 良司	近藤 淳
嵯峨根 義行	瀬戸下 伸介	中村 芳樹
萩原 亨	原田 吉信	舟橋 弥生
堀内 浩三郎	真下 英人	見坂 茂範
村重 至康	森若 峰存	柳谷 哲

幹事
（五十音順）

池原 圭一	石村 利明	犬飼 昇
大橋 秀治	大矢 清	川崎 進弘
京藤 伸弘	小嶋 正一	後藤 政直之
坂田 信之	坂本 正悦	庄 直行
相馬 隆治	髙橋 滋	竹内 秀清司
橘木 功三	永井 渉	西川 一人
長谷川 勉	長谷部 智久	平片 和寿治
平川 恵士	平川 洋	平本 蓑島則
舟田 光志	古川 一茂	依田 秀
村上 俊雄	山田 明彦	

トンネル委員会

委員長　水　谷　敏　則

トンネル付属施設小委員会

小委員長　高　野　晴　夫

トンネル照明施設分科会

分科会長　赤　木　伸　弘

委　員 （五十音順）	赤　坂　俊　幸 小　林　浩　之 長谷部　智　久 村　重　至　康	岡　　邦　彦 小輪瀬　良　司 堀　内　浩三郎 依　田　秀　則	倉　重　　毅 嵯峨根　義　行 真　下　英　人
幹　事 （五十音順）	池　原　圭　一 大　橋　秀　治 坂　井　弘　義 下　田　哲　史 髙　橋　　滋 西　川　清　司 平　川　恵　士 舟　田　光　志 山　田　明　彦	石　村　利　明 大　矢　　清 坂　田　信　之 相　馬　隆　治 橘　木　功　三 長谷川　　勉 平　川　　洋 古　川　一　茂	犬　飼　　昇 小　嶋　正　一 坂　本　正　悦 高　田　政　司 永　井　　渉 平　片　一　人 平　本　和　寿 村　上　俊　雄

目　次

第1章　総　則
　1－1　基準の目的 …………………………………………… 1
　1－2　適用の範囲 …………………………………………… 1
　1－3　用語の定義 …………………………………………… 2

第2章　道路照明施設整備計画
　2－1　道路照明の目的 ……………………………………… 13
　2－2　設置場所 ……………………………………………… 14
　2－3　道路照明施設整備計画の基本 ……………………… 21

第3章　連続照明
　3－1　照明設計の基本 ……………………………………… 26
　3－2　性能指標 ……………………………………………… 29
　3－3　照明方式の選定 ……………………………………… 35
　3－4　連続照明の運用 ……………………………………… 43

第4章　局部照明
　4－1　局部照明の一般原則 ………………………………… 45
　4－2　交差点 ………………………………………………… 45
　4－3　横断歩道 ……………………………………………… 53
　4－4　歩道等 ………………………………………………… 55
　4－5　その他の場所 ………………………………………… 56
　4－6　局部照明の運用 ……………………………………… 58

第5章　トンネル照明

- 5－1　トンネル照明の構成 …………………………………………………61
- 5－2　照明方式の選定 ………………………………………………………64
- 5－3　基本照明 ………………………………………………………………67
- 5－4　入口部・出口部照明 …………………………………………………75
- 5－5　特殊構造部の照明 ……………………………………………………88
- 5－6　停電時照明 ……………………………………………………………90
- 5－7　接続道路の照明 ………………………………………………………91
- 5－8　トンネル照明の運用 …………………………………………………92

第6章　照明用器材

- 6－1　光源および安定器 ……………………………………………………95
- 6－2　照明器具 ………………………………………………………………97
- 6－3　ポール …………………………………………………………………99
- 6－4　その他の器材 ………………………………………………………100

第7章　設計および施工

- 7－1　道路照明施設設置の手順 ……………………………………………103
- 7－2　照明設計 ………………………………………………………………105
- 7－3　配線設計 ………………………………………………………………114
- 7－4　施　　工 ………………………………………………………………118

第8章　検　査

- 8－1　検　　査 ………………………………………………………………121
- 8－2　性能の確認 ……………………………………………………………122

第9章　維持管理

- 9－1　概　　説 ………………………………………………………………125

9 - 2　点　　検 ……………………………………………………125
9 - 3　清掃および補修 …………………………………………128
9 - 4　記　　録 ……………………………………………………129

付　録

付録 1　照明設計の手順 …………………………………………133
付録 2　設 計 例 …………………………………………………138
付録 3　平均路面輝度と輝度均斉度 ……………………………195
付録 4　野外輝度の設定について ………………………………198
付録 5　測定要領 …………………………………………………204
付録 6　道路照明台帳の例 ………………………………………212

第1章 総　　則

1−1　基準の目的

> 本基準は道路照明施設の整備に関する一般的技術的基準を定め，その合理的な計画，設計，施工および維持管理を行うのに資することを目的とする。

【解　説】
　道路照明施設は，道路法第30条に基づく道路構造令第31条において，「交通事故の防止を図るため必要がある場合においては，横断歩道橋等，さく，照明施設，視線誘導標，緊急連絡施設その他これらに類する施設で国土交通省令で定めるものを設けるものとする。」と規定され，交通安全施設として位置付けられている。
　さらに，道路構造令第34条において「トンネルには，安全かつ円滑な交通を確保するため必要がある場合においては，当該道路の設計速度等を勘案して，適当な照明施設を設けるものとする。」として，トンネルの照明施設について規定している。
　本基準は道路構造令第31条および第34条に規定されている照明施設の計画，設計，施工および維持管理を行うのに必要な一般的技術的基準を定め，その合理的な整備を図ることを目的としたものである。

1−2　適用の範囲

> 本基準は道路法の道路に道路管理者が道路照明施設を整備する場合に適用する。

【解　説】
　本基準は，道路法の道路に道路管理者が道路照明施設を整備する場合に適用するものとする。既設の道路照明施設の維持管理においても，本基準の趣旨に鑑みこれを準用す

ることが望ましい。

　なお，自転車道等に照明施設を設置する場合は，「自転車道等の設計基準」の規定によるものとする。また，「高齢者，障害者等の移動等の円滑化の促進に関する法律」における重点整備地区に照明施設を設置する場合は，「道路の移動円滑化整備ガイドライン（(財)国土技術研究センター）」を参考にするとよい。

1－3　用語の定義

　本基準における用語の意義は下記各号に定めるとおりとする。
(1) 一 般 国 道 等　高速自動車国道等以外の道路をいう。
(2) 高速自動車国道等　高速自動車国道およびこれに準ずる自動車専用道路をいう。
(3) 主 要 幹 線 道 路　一般国道等のうち，主として地方生活圏および大都市圏内の骨格となるとともに，高速自動車国道を補完して生活圏相互を連絡する道路をいう。
(4) 幹　線　道　路　一般国道等のうち，地方部にあっては，主として地方生活圏内の二次生活圏の骨格となるとともに，主要幹線道路を補完して，二次生活圏相互を連絡する道路をいう。都市部にあっては，その骨格および近隣住区の外郭となる道路をいう。
(5) 補 助 幹 線 道 路　一般国道等のうち，地方部にあっては，主として地方生活圏内の一次生活圏の骨格となるとともに幹線道路を補完し，一次生活圏相互を連絡する道路をいう。都市部にあっては近隣住区内の幹線となる道路をいう。
(6) 交　通　量　自動車の年平均日交通量をいう。
(7) 歩　道　等　道路構造令で規定している歩道，自転車歩行者道，自転車歩行者専用道路，歩行者専用道路を総称したものをいう。ただし，自転車歩行者道および自

転車歩行者専用道路において専ら自転車の通行に供するために区画された部分を除く。

(8) 歩 行 者 等　歩道等の利用者を総称したものをいう。

(9) ト ン ネ ル 等　トンネルおよびアンダーパスや掘割構造蓋掛け部などの閉鎖空間であって，昼間において明るさの急変する場所をいう。

(10) 市 街 部　市街地を形成している地域または市街地を形成する見込の多い地域をいう。

(11) 道 路 照 明 施 設　道路構造令第31条および第34条に規定される照明施設をいう。道路照明施設には，連続照明，局部照明，トンネル照明がある。

(12) 連 続 照 明　単路部のある区間において，原則として一定の間隔で灯具を配置し，その区間を連続的に照明することをいう。

(13) 局 部 照 明　交差点，橋梁，歩道等，インターチェンジ，休憩施設など必要な箇所を局部的に照明することをいう。

(14) トンネル照明　トンネル等を照明することをいう。

(15) 光　束　単位時間あたりの放射エネルギーを視覚により評価したものをいう。単位：ルーメン（lm）

(16) 光　度　点光源からある方向への光束密度をいう。
単位：カンデラ（cd）

(17) 照　度　単位面積あたりに入射する光束をいう。
単位：ルクス（lx）

(18) 輝　度　発光面からある方向の光度をその方向への正射影面積で割った値をいう。単位：cd/m^2

(19) 光　色　光源の見かけの色をいう。

(20) 演 色 性　光源による物体色の見え方を決定する光源の性質をいう。

(21) 照　明　率　　光源の光束のうち被照面に入射する光束の割合をいう。

(22) 平 均 路 面 輝 度　運転者の視点から見た路面の平均輝度で，路面が乾燥している状態を対象とする。単位：cd/m^2

(23) 輝 度 均 斉 度　輝度分布の均一の程度をいう。輝度均斉度には路面上の対象物の見え方を左右する総合均斉度と，前方路面の明暗による不快の程度を左右する車線軸均斉度がある。

(24) グ　レ　ア　　見え方の低下や不快感や疲労を生ずる原因となる光のまぶしさをいい，不快感を与えるものを不快グレア，対象物の見え方に悪影響を与えるものを視機能低下グレアという。

(25) 相対閾(いき)値増加　視野内に高輝度の光源が存在することによって，対象物の見え方を低下させるようなグレア（視機能低下グレア）を定量的に評価するための指標をいう。単位：％

(26) 誘　導　性　　照明の効果により，運転者に道路の線形を明示するものであり，灯具を適切な高さや間隔で配置することでこの効果が得られる。また，連続して配置された照明により照射された路面，区画線や防護柵などが見えることでも同様の効果が得られる。

(27) 外　部　条　件　建物の照明，広告灯，ネオンサイン等道路交通に影響を及ぼす光が，道路沿道に存在する程度をいう。

(28) 外 部 条 件 A　道路交通に影響を及ぼす光が連続的にある道路沿道の状態をいう。

(29) 外 部 条 件 B　道路交通に影響を及ぼす光が断続的にある道路沿道の状態をいう。

(30) 外 部 条 件 C　道路交通に影響を及ぼす光がほとんどない道路沿

			道の状態をいう。
(31)	調	光	光源を減光あるいは減灯することによって明るさを減ずることをいう。
(32)	灯	具	光源と照明器具を組み合わせたものをいう。
(33)	漏れ	光	灯具から照射される光で，その目的とする照明対象範囲外に照射されるものをいう。

【解　説】
（1）高速自動車国道等および一般国道等

　高速自動車国道等とは，高速自動車国道法第4条第1項に規定する道路およびこれに準ずる自動車専用道路（道路法第48条の2第1項または第2項の規定により指定を受けた自動車専用道路のうち，その沿道からの出入制限の程度が高速自動車国道に準じて完全または一部出入制限が施されている道路をいう。）をいう。すなわち，ここで規定する高速自動車国道等とは，他の道路と立体交差となっており，それとの接続がインターチェンジによって行われるか，あるいは若干の平面交差はあってもその構造が本線交通を優先させるようにチャンネリゼーションがなされており，かつ，いずれも沿道から直接この道路に出入りすることが原則としてできないようになっている道路である。

　一般国道等とは，高速自動車国道等以外の道路であるが自動車専用道路であっても平面交差が多いもの，沿道から直接出入りができるようなものは，一般国道等とみなされる。

（2）道　路　分　類

　道路分類は，道路照明設計の基本となる平均路面輝度，グレアの抑制という視点から交通状況（交通量，設計速度，混合交通の状況等），道路構造（出入制限，中央帯の有無，交差形態，歩車道の分離等）に基づいて定めたものである。

　本基準では，大きく，自動車専用道路（高速自動車国道等）とその他の一般道路（一般国道等）に分類し，一般道路は主要幹線道路，幹線・補助幹線道路に分類した。この分類は，「道路の標準幅員に関する基準（案）について」（昭和50年7月15日，都計発第40号，道企発第51号）によるものである。定義に用いられる生活圏とは，建設省地方生活圏構想（地域計画の主要課題，昭和43年7月）において使用する用語の

例によるものであり，これによれば次のように定義されている。

　　地方生活圏……ある程度の大きさをもった都市を中心として，いくつかの二次生活圏から構成される地域をいう。
　　二次生活圏……大きな買物ができる商店街，専門医をもつ病院，高等学校などかなり広範囲の利用圏をもつ都市を中心に一次生活圏をいくつかその中に含む地域をいう。
　　一次生活圏……役場，診療所，中学校などの基礎的な公共施設が集まっていて，それらのサービスが及ぶ地域をいう。

なお，「道路の標準幅員に関する基準（案）について」による道路分類と道路法上の道路の種類との対応は，一律には行いがたいが概念的には次のように考えられる。

道路分類＼道路種類	一般国道	都道府県道 主要地方道	都道府県道 一般都道府県道	市町村道 幹線的な市町村道
主要幹線道路	◎	◎	○	
幹線道路	○	◎	◎	○
補助幹線道路		○	◎	◎

注）◎：主たる対応

また，これら道路分類と交通状況，道路構造との対応を示せば，概ね表解1－1のように表せる。

表解1－1　道路分類と交通の状況，道路構造との対応

	道路分類	交通量	設計速度(km/h)	交通の種類	出入制限
高速自動車国道等	都市間高速道路	多	高(120～60)	自動車専用	完全出入制限
	都市高速道路	多	中(80～60)	自動車専用	完全出入制限
	その他の自動車専用道路	中	中(80～60)	自動車専用	完全出入制限 一部出入制限
一般国道等	主要幹線道路	多	中(80～60)	人車混合	出入制限なし 一部出入制限
	幹線道路	中	中(60～50)	人車混合	出入制限なし
	補助幹線道路	少	低(50～40)	人車混合	出入制限なし

(3) 交　通　量

　　原則として年平均日交通量（AADT）を用いるものとするが適当な資料が得られない場合は，短期間の交通量調査結果から得られる平均日交通量（ADT）によってもよい。

　　なお，新設もしくは改築の道路については，原則として計画交通量によることとする。

(4) 連続照明，局部照明，トンネル照明

　　連続照明とは，ある区間において交通量が連続してあり，照明施設を設けることにより，事故削減効果あるいは事故防止効果が得られると認められる場合に連続的に設置する照明施設をいう。

　　一方，局部照明は交差点，橋梁，歩道等，インターチェンジ，休憩施設などのように，道路の構造上あるいは道路利用上から，特に照明施設設置の必要がある場合に，それぞれの場所に適するよう設置する照明施設をいう。

　　トンネル照明は，トンネル等に設置する照明施設をいう。また，掘割構造道路にあって，側壁部上部から車道側へのせり出しが大きく上部開口部が非常に狭い場合は，当該道路の自然光の射し込みの程度を考慮の上，明るさが急変する場所と判断される場合はトンネル照明として設計する必要がある。

　　本基準では道路照明設計の基本となる連続照明，および昼間も照明を必要とし入口部・出口部照明が必要となるなど，設計思想の異なるトンネル照明をそれぞれ定義し，これ以外のものを局部照明としてとりまとめて定義した。

　　したがって単路部に連続照明が設置されている区間に交差点，橋梁，歩道等が含まれる場合は当該箇所を局部照明として設計する必要がある。ただし、車道に併設される歩道等の局部照明は，連続照明により歩道等の夜間における良好な視環境を確保できる場合には連続照明の一部として設計してもよい。

(5) 光　　　束

　　単位時間あたりに，ある面を通過する放射エネルギー（単位：W）を眼の感度（視感度）に対応する量で評価したものが光束である。放射エネルギーのうち眼に明るさの感覚を与えるものは波長380～760 nm［1 nm（ナノメータ）＝10^{-9} m］の範囲にあり，その視感度も波長によって異なる。視感度には個人差があるので，多くの人の平均値をとって 国際照明委員会（CIE）により図解1-1に示す標準比視感度$V(\lambda)$が決められ，わが国でも計量法によりこれを採用している。

光束F(lm)は式(1.1)で表される。

$$F = K_m \int_0^\infty \phi_{e\lambda} V(\lambda) d\lambda \quad \text{(lm)} \quad \cdots\cdots\cdots\cdots\cdots\cdots\cdots\cdots\cdots\cdots\cdots (1.1)$$

ここに，K_m ：最大比視感度

（λ = 555 nmにおいて683 lm/W）

$\phi_{e\lambda}$：波長λにおける放射束の分光密度

$V(\lambda)$：標準比視感度

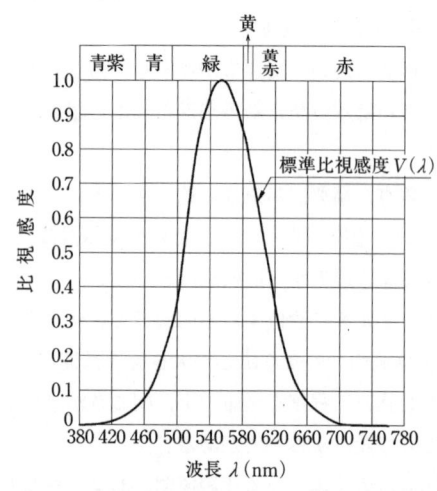

図解1－1　標準比視感度（2度視野，明所視）

(6) 光　　　度

すべての光源および灯具の発光部分はある大きさをもっているが，ある距離から見ると点光源とみなして差しつかえない。このような実用上の点光源からある方向の微小立体角$d\omega$内に放射する光束をdF(lm)とすれば，光度I(cd)は式(1.2)で表される。

$$I = \frac{dF}{d\omega} \quad \text{(cd)} \quad \cdots\cdots\cdots\cdots\cdots\cdots\cdots\cdots\cdots\cdots\cdots\cdots\cdots\cdots\cdots (1.2)$$

なお，光束Fは式(1.2)を積分して，式(1.3)で表される。

$$F = \int I d\omega \quad \text{(cd)} \quad \cdots\cdots\cdots\cdots\cdots\cdots\cdots\cdots\cdots\cdots\cdots\cdots\cdots\cdots (1.3)$$

立体角の定義から，微小立体角$d\omega$は式(1.4)で表される。

$$d\omega = \frac{dA}{r^2} \quad \cdots\cdots\cdots\cdots\cdots\cdots\cdots\cdots\cdots\cdots\cdots\cdots\cdots\cdots\cdots\cdots\cdots\cdots (1.4)$$

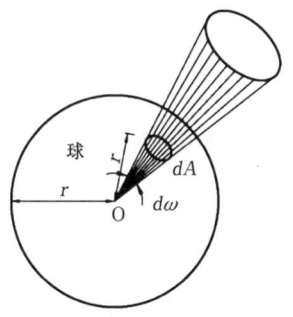

図解１－２　点光源

　図解１－２のような半径r(m)の球の中心Oにすべての方向の光度が100 cdであるような光源があるとすれば，この光源の全光束Fは，式（1.3）および式（1.4）より，

$$F=\int I d\omega \frac{4\pi r^2}{r^2} I = 4\pi I \fallingdotseq 1,257 \quad (\text{lm}) \quad \cdots\cdots(1.5)$$

となる．

（7）照　　度

　ある面積A(m²)に光束F(lm)が一様に入射しているとき，その面の照度E(lx)は，式（1.6）で表される．

$$E=\frac{F}{A} \quad (\text{lx}) \quad \cdots\cdots(1.6)$$

　また光束と光度との関係から，光源からその面までの距離をr(m)とすれば，式（1.3）および式（1.4）より，

$$F=\int I d\omega = I \cdot \frac{A}{r^2} \quad (\text{lm}) \quad \cdots\cdots(1.7)$$

であるから，式（1.6）および式（1.7）より，

$$E=\frac{I}{r^2} \quad (\text{lx}) \quad \cdots\cdots(1.8)$$

　したがって，照度は光源の光度に比例し，光源からの距離の２乗に反比例する．

　平均路面照度という場合は，路面が光源などで照射される程度を示すもので，対象とする路面に入射する光束をその路面の面積で割ったものである．照明施設では灯具が道路軸に沿ってほぼ等間隔に配置されているので，このうちの代表的な灯具間隔の一つについての平均値を用いる．

(8) 輝　　　度

　　光源や灯具またはこれらの光を反射している面などを，ある方向から見たときの明るさの程度を示すものが輝度であり，微小面からある方向への光度がI(cd) で，微小面のその方向の見かけの面積（正射影面積）が A(m²) ならば，その面の輝度は I/A(cd/m²) となる。

(9) 光色と演色性

　　光色とは光源の見かけの色をいい，演色性とは照明による物体色の見え方を決定する光源の性質のことである。同じ白色に見える光源であっても，その種類によって一般には分光分布が違うので，演色性は異なる。

(10) 照　明　率

　　照明率は，対象とする被照面，灯具の取付高さ，および灯具の配光等により変化する。トンネルの場合は直射成分以外に路面，壁面，天井面による相互反射成分が加わる。

(11) 平均路面輝度

　　平均路面輝度とは，前方路面上の輝度の透視図的な平均値である。路面輝度とは，路面に入射した光束のうち路面で反射されて運転者の眼に向かうものの程度を示し，運転者から見た路面そのものの明るさを表す。同じ照明条件においても，路面輝度は舗装の種類およびその乾湿の程度によって変化する。照明設計時の路面輝度は，乾燥した路面を対象とする。

(12) 輝度均斉度

　　通常，路面の輝度分布は均一ではない。輝度均斉度は，この分布の均一の程度を数値的に示すもので，総合均斉度（U_o）と車線軸均斉度（U_ℓ）がある。総合均斉度（U_o）は，路面上の対象物の見え方を左右する均斉度であり，車線軸均斉度（U_ℓ）は，前方路面の明暗による不快の程度を左右する均斉度である。

　(イ)　$U_o = \dfrac{L_{\min}}{L_r}$ ……………………………………………………………………(1.9)

　　ただし，L_rは平均路面輝度，$L_{\min}$は車道上の最も暗い部分の輝度（cd/m²）である。

　(ロ)　$U_\ell = \dfrac{L_{\min(\ell)}}{L_{\max(\ell)}}$ ……………………………………………………………(1.10)

　　ただし，$L_{\max(\ell)}$，$L_{\min(\ell)}$はそれぞれ各車線の中心線上の最大部分輝度および最

小部分輝度（cd/m²）である。通常 U_ℓ は，各車線に関する U_ℓ の値のうち最も小さいものをとる。

(13) グ　レ　ア

　視野内の他の部分に比べて極端に高い輝度をもつ物体がある場合，この物体によって生ずる感覚がまぶしさである。まぶしさは，不快であるばかりでなく，対象物を見えにくくする。まぶしさをまったく感じない条件のもとでも，視野の周辺の輝度によって，対象物が見えにくくなる場合もある。

　まぶしさも含めてこのような現象をグレアという。グレアには，不快感を与える不快グレアと対象物の見え方に悪影響を与える視機能低下グレアがある。

(14) 相対閾（いき）値増加

　道路上にある障害物が見えるのは，背景（路面や壁面等）と対象物（障害物）との間に輝度の差（明暗）があるからである。この輝度差が小さい場合，対象物は背景と同化して見えなくなる。この見えなくなる限界の輝度差を「輝度差弁別閾（いき）」（$\Delta L_{\min}$）といい，対象物が視認できる最小の輝度差を意味する。これに視機能低下グレアが加わる条件下では，さらに大きな輝度差（$\Delta L_{\min}'$）がないと対象物を視認することができなくなる。このとき，「$(\Delta L_{\min}' - \Delta L_{\min})/\Delta L_{\min} \times 100(\%)$」により求められる値を相対閾値増加という。

(15) 誘　導　性

　運転者が道路を安全に走行するためには，前方の道路線形の変化および分合流の状態等を予知する必要がある。このため，道路には区画線や視線誘導標等が設けられているが，これらに加えて適切に配置された道路照明施設は，優れた誘導効果をもつ。照明施設によるこのような誘導効果を誘導性という。灯具を不適切に配置すると，道路の線形，分合流等に関して運転者に錯覚を生じさせるおそれがある。

(16) 外 部 条 件

　道路に隣接する建物の照明，広告灯，ネオンサイン等の光は運転者にグレアやちらつきを与えたり，その明るさのために道路とその周辺を不明確にしたりするなどの影響を及ぼす。また，これら道路の周辺の明るさの程度によっては，照明施設が運転者にグレアを与えることがある。すなわち，道路周辺が明るい場合には照明施設によるグレアは少ないが，暗い場合には照明施設によってグレアをより強く感じることとなる。これらのことから平均路面輝度，グレアは，道路外部の光の影響を考慮して設定する必要がある。

ここでは，道路交通に影響を及ぼす光が道路沿道に存在する程度をＡ，Ｂ，Ｃの３ランクで表すこととする。外部条件Ａは道路交通に影響を及ぼす光が沿道に連続的にある状態をいい，一般的には人口集中地区（DID）がこのような条件に相当するであろう。外部条件Ｂとは道路交通に影響を及ぼす光が沿道に断続的にある状態をいい，走行に及ぼす影響が比較的小さい都市近郊部の状態に相当するであろう。また外部条件Ｃとは，道路交通に影響を与える光がほとんどない状態をいう。なお，外部条件の設定にあたっては当該地域の開発計画等を十分に考慮する必要がある。

(17) 調　光

　調光には，光源光束を低下させる減光と，照明器具内に複数個備え付けられた光源のいくつかを消灯する減灯，あるいは，一つの照明柱に複数個取り付けられた光源のいくつかを消灯する減灯がある。連続的に照明されている場合，間引き消灯される場合があるが，これも広義の調光といえる。

(18) 灯　具

　灯具とは，光源と照明器具を組み合わせたものをいう。ここでいう光源とは，高圧ナトリウムランプ，蛍光ランプ，メタルハライドランプ，蛍光水銀ランプ，低圧ナトリウムランプなどの放電ランプやその他の電球類をいう。照明器具とは，これらの光源の配光を制御する機能をもち，これらを固定したり保護したりする器具をいい，本体，ソケット，反射板，照明カバーなどから構成される。

第2章　道路照明施設整備計画

2－1　道路照明の目的

> 　道路照明は，夜間において，あるいはトンネル等の明るさが急変する場所において，道路状況，交通状況を的確に把握するための良好な視環境を確保し，道路交通の安全，円滑を図ることを目的とする。

【解　説】
　道路状況，交通状況等を的確に把握するためには次に示すような視覚情報が必要である。
　(イ)　道路上の障害物または歩行者などの存否および存在位置
　(ロ)　道路幅員，道路線形などの道路構造
　(ハ)　道路上の特殊箇所（交差点，分岐点，屈曲部など）の存否および存在位置
　(ニ)　車道内の路面の状態（乾湿，凹凸など）
　(ホ)　車両の存否および種類，速度，移動方向
　(ヘ)　道路周辺の状況

　実際の道路において，運転者や歩行者等は刻々変化する視野の中に含まれる上記のような視覚情報をとらえ，予測および判断を繰り返しながら，運転操作や歩行などを行っている。運転者や歩行者等にとって特に重要なのは，状況の変化が予測可能な十分連続性のある視覚情報を得ることである。
　したがって，道路照明は夜間において，あるいは昼間においてもトンネル等のように明るさの急変する場所においては，このような視覚情報を的確にとらえ得る良好な視環境を作り出すことによって，状況判断の誤り，あるいは緊張感の持続による疲労を防止し，道路交通の安全，円滑を図ることを目的とする。
　ここで，良好な視環境を確保するためには，次のような照明の要素に留意する必要がある。
　(イ)　路面輝度（または路面照度や鉛直面照度）

(ロ) 輝度均斉度
(ハ) グレア
(ニ) 誘導性
　これらについては，第3章，第4章，第5章で詳述している。

2－2　設　置　場　所

(1) 連 続 照 明
　1) 一般国道等
　　市街部の道路においては，次のいずれかに該当する道路の区間において，必要に応じて照明施設を設置するのがよい。
　　(イ) 歩道等の利用者が道路を横断するおそれがあり，自動車交通量および歩道等の利用者数の多い区間
　　(ロ) 車両が車線から逸脱するおそれがあり，自動車交通量の多い区間
　　(ハ) 上記以外で連続照明を必要とする特別な状況にある区間
　2) 高速自動車国道等
　　次のいずれかに該当する道路の区間においては，必要に応じて照明施設を設置するのがよい。
　　(イ) 市街部の道路で道路に隣接する建物等の光が道路交通に影響を与える区間
　　(ロ) 上記以外で連続照明を必要とする特別な状況にある区間

(2) 局 部 照 明
　1) 一般国道等
　　i) 次のいずれかに該当する場所においては，原則として照明施設を設置するものとする。
　　　(イ) 信号機の設置された交差点または横断歩道
　　　(ロ) 長大な橋梁
　　　(ハ) 夜間の交通上特に危険な場所
　　ii) 次のいずれかに該当する場所においては，必要に応じて照明施設を

設置するのがよい。
- (イ) 交差点または横断歩道
- (ロ) 歩道等
- (ハ) 道路の幅員構成，線形が急激に変化する場所
- (ニ) 橋梁
- (ホ) 踏切
- (ヘ) 駅前広場等公共施設に接続する道路の部分
- (ト) 乗合自動車停留施設
- (チ) 料金所広場
- (リ) 休憩施設
- (ヌ) 上記以外で局部照明を必要とする特別な状況にある場所

2）高速自動車国道等

ⅰ）次のいずれかに該当する場所においては，原則として照明施設を設置するものとする。
- (イ) インターチェンジ
- (ロ) 料金所広場
- (ハ) 休憩施設

ⅱ）次のいずれかに該当する場所においては，必要に応じて照明施設を設置するのがよい。
- (イ) 道路の幅員構成，線形が急激に変化する場所
- (ロ) 橋梁
- (ハ) 乗合自動車停留施設
- (ニ) 上記以外で局部照明を必要とする特別な状況にある場所

(3) トンネル照明

　トンネル等においては設計速度，交通量，延長等に応じて照明施設を設置するものとする。

【解　説】
　道路照明施設は本来すべての道路に設置されることが望ましいが，照明施設を設置し，これを維持するのに要する費用は決して少ないものではない。したがって，照明施設の設置は広い意味での投資効果を考慮して判断する必要がある。すなわち，照明施設は道路または交通の状況からみて，交通事故が発生するおそれの多いところで，照明施設により事故の減少が図れるところなどを優先して整備する必要がある。
　なお，連続照明と局部照明において設置場所を一般国道等と高速自動車国道等別に定めたのは，それぞれの道路機能が本質的に異なっており，それぞれの道路条件，交通条件から要求される照明の必要性もまた異なるものがあるからである。

(1) 連続照明
　1) 一般国道等
　　　一般国道等における連続照明の設置は，歩行者，自転車等の通行状況，沿道からの光が道路交通に及ぼす影響等を考慮して市街部の道路を対象とすることとした。なお，照明施設の設置による夜間事故の減少等を勘案すると，交通量25,000台/日以上の場合において下記(イ)から(ハ)を踏まえ設置することが望ましい。
　　　一般国道等における連続照明の設置は次の区間を対象とする。
　(イ) 歩道等の利用者が道路を横断するおそれがあり，自動車交通量および歩道等の利用者数の多い区間
　　　歩道等の利用者が道路を横断するおそれのある区間とは，歩車道境界に防護柵が設置されていない場合，中央帯が設置されていない場合，あるいは防護柵や中央帯が設置されていても歩行者が横断できるような中央帯の形式である場合のような区間をいう。このような状況にある区間では，自動車交通量および歩道等の利用者数を踏まえ，必要に応じて照明施設を設置するのがよい。
　(ロ) 車両が車線から逸脱するおそれがあり，自動車交通量の多い区間
　　　車両が車線から逸脱するおそれのある区間とは，長い直線部で走行速度が高くなるおそれのある場合，曲線部などで道路線形が視認されにくい場合のように，車両が歩道等，対向車線，路外へ逸脱するおそれのある区間をいう。このような状況にある区間では，自動車交通量を踏まえ必要に応じて照明施設を設置するのがよい。
　(ハ) 上記以外で連続照明を必要とする特別な状況にある区間
　　　(イ)，(ロ)以外でも，交通事故が多発する区間，または多発するおそれのある区間，

夜間において歩道等の利用者数が極めて多い区間，道路外からの光が道路交通に影響を及ぼす区間，霧等が発生しやすいなど特殊な気象条件下にある区間，路肩，車線，中央帯の幅員が標準値以下に縮小されている区間，夜間交通が著しく複雑となる区間，連続照明のある他の道路と接続している区間などにあっては，必要に応じて照明施設を設置するのがよい。

　なお，前後に交差点の照明のように局部照明が設置され，その間隔が短い区間にあっては，前後区間の明るさに応じた適切な照明施設の設置を検討することが望ましい。ただし，設置にあたっては，道路構造の変更などを踏まえた広い視野での検討が重要である。

2）高速自動車国道等

　高速自動車国道等は，歩行者，自転車の通行が認められていないこと，沿道からの車両の出入制限がなされていること，往復車線が分離されていることなどにより，一般国道等に比べ事故率は極めて低い。このため，高速自動車国道等については，設置場所を選定する際の交通量は示さないこととした。

　高速自動車国道等における連続照明は次の区間を対象とする。

(イ) 市街部の道路で，道路に隣接する建物等の光が道路交通に影響を与える区間

　道路に隣接する建物等の照明が道路交通に影響を与える区間とは，道路に沿って建物の照明，広告灯，ネオンサイン等の光が存在する場合，あるいは，並行する道路に照明施設が設置されている場合のように，道路外部からの光が運転者にグレアを与えたりするなどにより走行の安全，円滑を損なうおそれのある区間をいう。市街部の道路において，このような状況にある区間では，必要に応じて照明施設を設置するのがよい。

(ロ) 上記以外で連続照明を必要とする特別な状況にある区間

　(イ)以外でも，霧等が発生しやすいなど特殊な気象条件下にある区間，路肩や車線等の幅員が標準値以下に縮小されている区間，夜間交通が著しく複雑となる区間，照明施設が設置されている場所（インターチェンジ，休憩施設等）に挟まれた区間でその延長が1km以下の区間，連続照明のある他の道路と接続している区間などにあっては，必要に応じて照明施設を設置することが望ましい。

(2) 局部照明

　局部照明を設置すべき場所として，次の①〜③がある。

① 交通流が局部的に複雑となるような場所で，道路状況，交通流の状況を照明に

より明確にすべき場所およびそのような場所の存在を運転者に予知させるべき場所（交差点，横断歩道，歩道等，橋梁，駅前広場，インターチェンジ等）
② 道路の平面線形，縦断線形が複雑ないしは厳しい状態にあり，照明により道路状況を明確にすべき場所（屈曲部，坂路等）
③ 道路付属施設の利用のためおよびその存在を明示するために照明すべき場所（乗合自動車停留施設，料金所広場，休憩施設等）

照明施設は，交通事故の危険性等から特に重要度の高い場所に原則として設けるものとする。また，他の交通安全施設との補完性，利用頻度あるいは経済性等を加味して設置の要不要を考えるべき場所には必要に応じて設けるのがよい。夜間において各場所に必要な照明効果が，他の照明施設により十分に得られる場合においては照明施設を設置しなくてもよい。

1) 信号機の設置された交差点，横断歩道

交差点は交通の方向が転換する場所であり，交通流が複雑となるため走行上危険な場所であるといえる。したがって，このような場所は遠方からその存在を示し，自動車の進行方向の視環境を良くする必要がある。

横断歩道およびその付近は，歩行者および自転車が頻繁に往来する場所であり，夜間においては，交通の安全上特に運転者から明確に視認されるべき場所である。

交差点，横断歩道のうち，信号機の設置された場所に原則として設置することとしたのは次による。すなわち，信号機は「信号機設置の指針」（平成16年8月13日付 警察庁交通局交通規制課長通達）に基づいて，事前に交通量，交通事故発生状況，交差点形状等を調査・分析するとともに，交通規制等他の対策により代替が可能か否かについて検討し設置することになっており，信号機の設置された交差点や横断歩道はそれ以外の交差点や横断歩道に比べ重要な場所と考えられるためである。ただし，信号機が設置されていてもそれが専ら昼間のみ使用されるようなもの（例えば押しボタン式または夜間点滅運用している信号機）である場合には，必ずしも照明施設を設置する場所とはならない。

2) 橋　　梁

橋梁には次の理由により照明が必要と考えられる。
(イ) 道路幅員が一般部よりも縮小されている場合があり，事故の発生するおそれが高い。
(ロ) 霧などが発生しやすく，走行条件が悪くなりやすい。

(ハ)　一旦事故が発生すると逃げ場がなく，二次的事故につながりやすく，また交通のネックとなるため他に与える影響も大きくなりやすい。
　　このため，一般国道等の長大な橋梁においては，原則として設置することとし，その他の橋梁については交通の状況により，必要に応じて設置するのがよい。ただし，長大な橋梁にあっても，気象条件が良好で幅員の縮小幅も小さいなど，事故の危険性が高くないと考えられる場合には，設置の必要性あるいは橋梁全体にわたって照明施設を設置する必要性等について十分検討する必要がある。
3) 夜間交通上特に危険な場所
　　夜間における交通事故の発生要因は多様で，必ずしも照明施設を設置すればすべての事故が防止できるものではない。しかしながら，同一箇所で夜間の事故が多発している場合には，その場所に固有な道路条件，交通条件等に起因していると考えられるため，照明施設の設置により事故防止が期待し得る。このような場所では，原則として照明施設を設置するものとした。
4) 歩　道　等
　　「高齢者，障害者等の移動等の円滑化の促進に関する法律」による重点整備地区のような特別な状況にある歩道等においては，歩行者等の交通の安全かつ円滑な移動を確保するために，必要に応じて照明施設を設置するのがよい。
5) 道路の幅員構成が急激に変化する場所
　　道路の幅員構成が急激に変化する場所とは，次のようなところである。
　(イ)　車線数が減少する場所（片側2車線以上の道路において車線数が減少する場所）
　(ロ)　車道幅員が急激に減少する場所（車線区分のない道路において急に幅員が狭くなる場所）
　(ハ)　路肩幅員が急激に減少する場所
　　このような場所では，合流等により走行上危険となることがある。したがって，このような場所では道路状況を明らかにし，交通の安全を確保するため必要に応じて照明施設を設置するのがよい。
6) 道路線形が急激に変化する場所
　　道路線形が急激に変化する場所とは，次のようなところである。
　(イ)　見通しの悪い屈曲部，屈折部
　(ロ)　平面線形の連続性が悪い場所（曲線半径が大きく変化する場所）
　(ハ)　縦断線形の連続性が悪い場所（縦断曲線が大きく変化する場所）

このような場所では一般に道路の平面形状の予告，縦断形状の予告，交通流の変化の予告等の警戒標識を設置することになっているが，交通状況に応じて照明施設を設置するのがよい。

7）踏　　切

　　鉄道と交差する踏切は，遠方からその存在を予知させるとともに，付近の道路状況を見通すための照明が必要である。ただし，踏切遮断機その他の保安設備が設置されている場合，その他交通状況によっては設置しなくてもよい。したがって，踏切には必要に応じて照明施設を設置するのがよい。

8）駅前広場等公共施設に接続する道路の部分

　　駅前広場，市民会館，病院等の大規模な公共施設に接続する道路においては，これらの施設への交通需要が多く，その出入交通のため，その付近では交通流の乱れが生じやすくなる。したがって，これらの施設に接続する道路の部分には，必要に応じて照明施設を設置するのがよい。

9）乗合自動車停留施設

　　乗合自動車の停留所は，バス乗客の乗降のため車道から分離し専用に使用するバス停車帯（バスベイ）と，バス乗客の乗降のため本線の外側車線をそのまま使用するバス停留所（バスストップ）とがある。

　　このうち，恒久的な施設であるバス停車帯についてはバスの発着頻度等を考慮して照明施設を設置するのがよい。また，路面電車の停留場についても必要に応じて，照明施設を設置するのがよい。

10）料金所広場

　　本線料金所，インターチェンジ料金所では通常車線数より多くブースが設けられ，ブース前後の料金所広場で相互に他車の動きに合わせて調整走行を行いながらブースに出入りするため，料金所広場付近を全体的に照明する必要がある。また，料金徴収のため車種形態を判別するためにも照明が必要である。したがって，高速自動車国道等においては，原則として照明施設を設置することとするが，一般国道等においては，料金所広場の利用形態等を勘案して必要に応じて照明施設を設置するのがよい。

11）休憩施設

　　休憩施設には，出入制限された道路に必要に応じて設けられるパーキングエリアとサービスエリア，および一般道路に設けられる道の駅等がある。

パーキングエリアまたはサービスエリアにおいては，本線部と休憩施設に取り付くランプの接続部での照明のほか，休憩施設内の駐車，車の点検，食堂，トイレへのアプローチ等のため休憩施設の全体的な照明が原則として必要となる。

　また，道の駅等においては，駐車場やトイレなどがあり，必要に応じてそれらの施設および施設間に照明を設置するのがよい。

12）インターチェンジ

　(イ)　インターチェンジの局部照明とは，ランプ（本線と他の道路とを連絡する道路部分で，有料道路の場合，料金所がランプに設けられるときには，料金所広場および他の道路までの取付区間も含む。）およびランプ接続点付近の本線に設置する照明をいう。

　(ロ)　全体を照明する必要のないインターチェンジのランプ部分等では，道路および交通の状況を遠方より予知させ，またその付近における交通を円滑にさせるため，原則としてランプの接続部付近に照明施設を設置することとするが，交通量が少ないなど道路および交通の状況によっては省略することができる。

(3) トンネル照明

　トンネル等は，一般部と異なり昼間においても照明を必要とすることや，周囲が側壁等で閉鎖されているため走行上特に注意を要するなどの特殊性を有している。さらに道路幅員が一般部よりも縮小されている場合があり，事故の発生するおそれが高いため特に安全を確保する必要がある。このため，トンネル等には設計速度，交通量，延長，構造，線形等に応じた適切な照明施設を設置するものとした。

　なお，運転者の眼は，明るいところから暗いところに移行するときは順応時間が長く，暗いところから明るいところに移行するときは順応時間が短い。したがって，トンネル等にあっては，眼の順応を円滑に行うため昼間においても照明施設が必要となる。

2－3　道路照明施設整備計画の基本

　道路照明施設が計画的，効果的に整備されるよう，道路状況，交通状況はもちろんのこと道路周辺の土地利用，交通施設等について十分調査し，漏れ光による影響や地域景観を考慮した適切な整備計画を立てるものとする。

【解　説】
(1) 連続照明および局部照明の設置の優先度

　照明施設の設置および維持管理に要する費用は決して少ないものではなく，その整備に際しては，広い意味での投資効果を考慮して計画的に実施する必要がある。すなわち，道路または交通の状況からみて夜間における交通事故の発生するおそれの高いところほど優先度が高くなる。

　なお，連続照明を設置する場合においては，以下を考慮してその優先度を判断することが望ましい。

　(イ) 夜間事故率，夜間交通量（夜間の事故率，交通量が多い区間ほど優先）
　(ロ) 横断箇所（横断歩道，交差点の箇所数とそれらの交通量が多いところほど優先）
　(ハ) 沿道状況（商店街等夜間歩行者交通量が多い区間ほど優先）
　(ニ) 道路線形（平面線形または縦断線形が複雑で走行しにくい道路ほど優先）
　(ホ) 道路幅員（広幅員の道路ほど優先）
　(ヘ) その他（濃霧，煤煙等の状況についても考慮）

(2) 連続照明および局部照明の施設整備に際しての留意点

　照明施設は，沿道の諸活動あるいは鉄道等他の交通に対して，種々の影響を及ぼすことがある。

　また，照明施設は一旦設置すると撤去が容易でない。したがって，照明施設の整備に際しては，沿道土地利用，道路幅員，占用物件，他道路および鉄道等との位置関係等を事前に調査し，漏れ光による影響や地域景観を考慮した適切な整備計画を立てる必要がある。

　1）沿道土地利用などへの配慮

　　照明施設の設置対象道路が住宅地を通過する場合，果樹園，田畑を通過する場合，あるいは養殖場や漁場付近を通過する場合においては照明施設が住環境や，農作物の生育，養魚，漁場などに影響を及ぼすことがあり，照明の特定方向への遮光，点灯時間帯等について十分検討しておく必要がある。また，商店街を通過する場合は特に光源の演色性に留意する必要がある。

　2）他の道路，交通施設等との調整

　　ⅰ）立体交差部あるいは道路が並行して走る場合においては，一方の照明光が，他の道路を走行中の運転者に影響を及ぼすことがあるため，照明施設の設置に際しては，相互の調整を図る必要がある。

ⅱ）空港，港湾付近および鉄道に隣接して照明施設を設置する場合は，飛行機，船舶の航行，列車の運行への影響を考慮して光源，灯具の位置や配光を決める必要がある。

　　空港周辺において照明施設を設置する場合は航空法第49条によりポール高さの制限を受ける場合があり，また，橋梁に照明施設を設置する場合には，航行する船舶に影響を与えることがあるので留意する必要がある。

ⅲ）交差点において，交差する道路の管理者がそれぞれ異なる場合には，統一性のある照明施設が整備されるよう，設置に際して道路管理者間で調整を図る必要がある。

3）他の施設との調整，地域景観への配慮

ⅰ）照明柱の設置によって，道路標識，信号機などの視認性を損なわないようにする必要がある。

　　また，電柱，道路標識，信号機等が集中すると，歩行空間を狭めるだけでなく，景観的にも乱雑なものとなる。したがって，このようなところではこれらを統合して，一つの柱に設置することや電柱共架にすることを考える必要がある。特に，これらが集中しやすい交差点では統合化について検討すべきである。写真解2－1は灯具，信号機，標識を統合した例である。

写真解2－1　灯具，信号機，標識を統合した照明施設の例　　**写真解2－2**　地域景観に配慮した照明施設の例

ⅱ）照明施設が地域景観との調和を損ねないよう計画，設計することは当然であるが，例えば，都市の表玄関になるような場所，メインストリートあるいは橋梁上に設けられるものは，良好な景観形成に配慮した適切な形状・色彩とするものとし，地域景観，都市美を創出すべく，光源，照明器具，ポール等の選定に配慮する必要がある。写真解2-2は地域景観に配慮した照明施設の例である。

　なお，景観に配慮した照明計画を立案する際には，「道路景観整備マニュアル（案）（(財)道路環境研究所）」などを参考にするとよい。

ⅲ）局部照明やトンネル照明など異なる照明施設に挟まれた道路でその延長が短い区間に照明施設を設置する場合は，前後の照明施設を含む区間全体において，明るさなどの連続性を考慮する必要がある。

4）照明施設の段階的施工

　新設，改築の道路にあって，交通量がある程度に増加後，照明施設を設置または増設しようとする場合，沿道状況の変化により配管，建柱に際して施工性が悪くなり，経費がかさむことがあるので，配管，ポール基礎についてはあらかじめ施工しておいた方がよい場合がある。特に橋梁についてはポール取付部等をあらかじめ施工しておくのがよい。

(3) トンネル照明の施設整備に際しての留意点

1）計　　画

　道路トンネルは，トンネルおよびその前後に接続する道路が一体となって道路としての機能を果たすものであり，トンネル単独で考えるのではなく，道路の一部分を構成するものとして計画する必要がある。また，道路トンネルの照明施設は，トンネルの形状・構造などとも関連するので，トンネル建設の全体の一環として計画する必要がある。

2）調　　査

　トンネル照明の計画・設計にあたっては，トンネルの形状・構造，交通条件，坑口付近の環境および関連施設の状況などについて調査を行う必要がある。

ⅰ）トンネルの形状・構造

　　トンネルの形状・構造の調査は，トンネル照明の構成，灯具の選定や取付位置，照明率などの算出に必要となる。このため，トンネルの延長，断面形状，幅員構成，建築限界，平面および縦断線形，路面や壁面および天井面の仕上げと反射率などの調査が必要となる。その他，内装の有無についても，照明施設の設計に用

いる照明率および視環境などに影響を与えるため，構造および光反射特性の調査が必要となる。

ⅱ）交通条件

　　交通条件は，照明方式の検討，路面輝度および保守率の決定などに必要となる。このため，設計速度，交通量，交通方式，道路種別などの調査が必要となる。なお，トンネルの照明施設設計に用いる設計速度は，一般にはトンネル本体の設計速度が基本になるが，道路線形等の幾何構造のほか，交通の状況，最高速度の制限等の交通規制の状況などに応じて適宜定めることとなるのでこれらの調査も必要となる。

ⅲ）坑口付近の環境

　　坑口付近の環境の調査は，入口部照明や出口部照明の明るさおよび接続道路の照明の必要性などを検討するために必要となる。このため，坑口の方位，坑口付近の地形・地物の状況，接続する道路の線形（平面線形，縦断勾配）および気象状況などの調査が必要となる。

ⅳ）関連施設の状況

　　換気施設，非常用施設等の関連施設の状況の調査は，照明施設の規模，方式，配置・配列，配線および運用などに関連する前提条件を設定するために必要となる。換気施設は，照明施設と密接な関係にあることから換気施設の計画内容および煤煙の設計濃度（煤煙透過率）などについて調査が必要となる。また，トンネル内で火災その他の事故が発生した場合などの非常時には，所要の明るさを確保する必要があることから，非常用施設の計画および運用について調査が必要となる。また，トンネルは，照明施設や換気施設等にかかる消費電力が大きく，かつ山間部に位置することが多いことから，上記の関連施設の規模等を踏まえて早い段階から受電計画に取り組むことが必要である。

ⅴ）維持管理

　　施設の維持管理を効率的，経済的に行うため，当該トンネルに近隣のトンネルや同等規模のトンネルにおいて，交通条件，運用・制御方法などについて調査が必要となる。

第3章 連続照明

3-1 照明設計の基本

> 連続照明の設計にあたっては，下記に示す照明の要件を考慮するものとする。
> (1) 平均路面輝度が適切であること
> (2) 路面の輝度均斉度が適切であること
> (3) グレアが十分抑制されていること
> (4) 適切な誘導性を有すること

【解　説】
　連続照明の設計にあたっては，平均路面輝度，輝度均斉度，グレア，誘導性についての照明の要件を考慮しなければならない。
(1) 平均路面輝度と輝度均斉度
　運転者から見た路面の輝度は，障害物の背景となる最も重要なものである。路面の輝度が十分でないと，障害物の存在，形状，大きさ，存在位置などを視認できないばかりでなく，障害物が見えない場合に，これが"存在していないのか""見えないのか"を区別することができない。
　路面の輝度分布が不均一であるということは，路面には明暗が生ずることを意味する。平均路面輝度より輝度の高い部分では障害物の視認が容易であるが，平均路面輝度より輝度の低い部分では，障害物の存否の確認が困難である。
　写真解3-1 (a)(b) は輝度均斉度の違いを示すもので，輝度均斉度が悪い照明施設の場合には，障害物の存在そのもの，その数，大きさ，存在位置など，安全走行上必要な視覚情報の多くが得られないのに対して，輝度均斉度が良い照明施設では，障害物が存在するか否かのほか，上述したような障害物に関する詳細な視覚情報を得ることができるようになる。

(a) 輝度均斉度の良い照明施設

(b) 輝度均斉度の悪い照明施設

写真解3－1 路面の輝度均斉度の違いと得られる視覚情報

　輝度の低い部分で，障害物の視認が困難になるのは，単にその部分の輝度が低いだけでなく，その周辺に明るい路面の部分が存在することによって，運転者の眼の中に光の散乱が生じ，見え方が低下することによるものである。

　このため，路面の輝度が低い部分での障害物の見え方を，同じ平均路面輝度をもち輝度分布が均一な路面における見え方と同じようにするためには，総合均斉度が低下するほどこの部分の輝度を高める必要があり，結果として平均路面輝度を増加させなければならないことになる。

　照明が対象物の視認性に及ぼす影響について，国内外で種々の条件のもとで行われた実験の結果，平均路面輝度L_rは，輝度対比の如何にかかわらず，これと組み合わされる総合均斉度U_oとの間に，式（3.1）の関係のあることがわかっている。

$$L_r = \frac{K}{U_o^2} \text{ または } K = L_r \times U_o^2 \quad \cdots\cdots\cdots\cdots\cdots (3.1)$$

ただし，Kは$U_o=1.0$すなわち，輝度分布が全く均一な場合に必要な平均路面輝度の値で，障害物の輝度対比によって決まる（付録3参照）。

輝度対比Cは式（3.2）で表される。

$$C = \frac{L_r - L_o}{L_r} \dots\dots\dots\dots\dots\dots\dots\dots\dots\dots\dots\dots\dots\dots\dots\dots\dots\dots\dots\dots\dots\dots (3.2)$$

ここに，L_o：障害物の輝度（cd/m²）

輝度均斉度には，前述のように，障害物の見え方に影響する総合均斉度U_oのほかに，路面の輝度の不均一な分布によって，運転者に不快感を与える車線軸均斉度U_ℓがある。この不快感は，主に，車線中央線上の輝度の変化によって左右されるので，照明設計における灯具の間隔を決定するうえで考慮する必要がある。

(2) グ レ ア

グレアには，不快グレアと視機能低下グレアとがある。不快グレアは自動車の運転者に心理的な不快感を与えるものであり，視機能低下グレアは生理的な視機能を低下させるものである。すなわち視機能低下グレアは，視野内にまぶしいものがあると眼の中で光の散乱が生じ，これが視覚情報の"ノイズ"となって，見え方を妨げるものである。

不快グレアと視機能低下グレアは相互に直接関係しないが，グレアによる視機能低下が視認性に影響しない程度に抑制されていれば，不快感は生じないとすることが一般的である[1]ことから，視機能低下グレアを対象に規定するものとした。

(3) 誘 導 性

運転者が道路を安全に走行するためには，前方の道路線形の変化および分合流の状態等を予知する必要がある。このため，道路には区画線や視線誘導標等が設けられているが，これらに加えて，適切に設置された照明施設は，優れた誘導効果をもつ。照明施設によるこのような誘導効果を誘導性という。灯具を不適切に配置すると，道路の線形，分合流等に関して運転者に錯覚を生じさせるおそれがある。

照明施設によって，車道部分の路面や区画線はもとより，防護柵などが見えることによって得られる効果を「視覚的誘導効果」という。一方，灯具やポールの配置によって，道路の線形がわかり，かつ交差点，その他特別な箇所に近づいていることがわかる効果を「光学的誘導効果」という。

道路の線形が変化したり，他の道路と交差しているような場所においては，灯具の配置によって道路の線形を良く示しているかどうかという光学的誘導効果の良否が決まる

ので，照明施設の誘導性の良否を，透視図などによって十分検討することが望ましい。
　特に道路の曲線部において光学的誘導効果を正しく維持するためには千鳥配列を避け，灯具の間隔を縮小する等の工夫が必要である。

3－2　性能指標

　連続照明の性能指標は，平均路面輝度，輝度均斉度，視機能低下グレア，誘導性とする。

(1) 平均路面輝度

　平均路面輝度は，道路分類および外部条件に応じて，表3－1の上段の値を標準とする。

　ただし，高速自動車国道等のうち，高速自動車国道以外の自動車専用道路にあっては，状況に応じて表3－1の下段の値をとることができる。

　また，一般国道等で，中央帯に対向車前照灯を遮光するための設備がある場合には，表3－1の下段の値をとることができる。

表3－1　平均路面輝度　　　　（単位：cd/m^2）

道路分類	外部条件	A	B	C
高速自動車国道等		1.0	1.0	0.7
		－	0.7	0.5
一般国道等	主要幹線道路	1.0	0.7	0.5
		0.7	0.5	－
	幹線・補助幹線道路	0.7	0.5	0.5
		0.5	－	－

　なお，特に重要な道路，またはその他特別の状況にある道路においては，表3－1の値にかかわらず，平均路面輝度を2 cd/m^2まで増大することができる。

(2) 輝度均斉度

　輝度均斉度は，総合均斉度0.4以上を原則とする。

(3) 視機能低下グレア

　　視機能低下グレアは，相対閾値増加を原則として表3－2の値とする。

表3－2　相対閾値増加　　　　（単位：％）

道路分類		相対閾値増加
高速自動車国道等		10以下
一般国道等	主要幹線道路	15以下
	幹線・補助幹線道路	

(4) 誘　導　性

　　適切な誘導性が得られるよう，灯具の高さ，配列，間隔等を決定するものとする。

【解　説】

(1) 平均路面輝度

1) 表3－1では，道路条件，交通条件を考慮して道路分類を3種類とし，沿道の光の状態を3種類の外部条件として平均路面輝度を規定した。

2) 照明施設の平均路面輝度は，道路の構造（道路の幅員，車線数，中央帯の有無等），交通の状況（設計速度，交通量，車種構成等）などを考慮してそれらの重要度に応じて設定する必要がある。ここでは，道路分類として高速自動車国道等，一般国道等の主要幹線道路および幹線・補助幹線道路の3種類を設定したが，これらの分類が，それぞれの道路の構造，交通の状況を示すものと考えたことによる。さらに，道路の外部条件としては，運転者の視覚に及ぼす道路周辺の明るさの影響を考慮してA，B，Cの三つに分類した。

3) 照明設計に適用する平均路面輝度は，運転者が，障害物，他の車両，歩行者などを遠方から視認できるようにすること，および運転者が前方に障害物が見えないときに障害物がないことを確信できるようにすることの二つの条件を満たすよう設定する必要がある。本基準は，下記ⅰ）ⅱ）二つの条件を整理して得られる平均路面輝度の範囲から，1.0，0.7，0.5 cd/m^2 の3種類を標準とした。

　ⅰ）障害物を視認するために必要な平均路面輝度

　　　ある障害物が視認できるか否かは，平均路面輝度と輝度均斉度によって決まる。

実験によれば，障害物を視認するのに必要な平均路面輝度は，同じ路面上の輝度の均斉度（総合均斉度）との間に極めて密接な関係があり，総合均斉度が良好であれば比較的低い平均路面輝度でも視認できるが，総合均斉度が低下すると平均路面輝度を著しく増大させなければならないことがわかっている。

　平均路面輝度を高めるためには，大容量の光源を用いなければならないので維持費が増加し，総合均斉度を良好にするためには灯具の間隔を狭くしなければならないので設備費が増大する。このため，平均路面輝度と総合均斉度の両者を適切に組み合せることが必要である（付録3参照）。

ⅱ）前方に障害物が見えないとき　障害物がないことを確認するのに必要な平均路面輝度

　路面が十分な明るさで均一に輝いている場合には，運転者は障害物が存在するときにその障害物を視認できるだけでなく，障害物が存在しないときに障害物が見えないのではなく存在しないことに確信をもつことができる。

　同時に，安全走行上重要な部分と重要でない部分がよくわかる状態となっていることから，視線を重要な部分に集中でき，安全性を高めることができる。

4）道路分類と平均路面輝度

ⅰ）高速自動車国道等

　高速自動車国道等は，設計速度が比較的高いので，高い平均路面輝度が必要な場合も考えられるが，通常，中央帯があり対向車からのグレアが少ないこと，自動車専用の道路であること，本線への流入が一定の場所からであり，平面交差部がないことなどのため，道路自体の安全性が高くなっていると考えられるので，平均路面輝度としては表3－1の上段に示す値を標準とした。

　高速自動車国道等のうち，高速自動車国道以外の自動車専用道路には，道路の構造も高速自動車国道とほとんど同様のものから2車線のものまである。しかし一般に，これら道路の設計速度は高速自動車国道より低く，交通量も少ないと考えられるので，必要に応じて表3－1の下段の値を用いることができる。

ⅱ）一般国道等

　一般国道等のうち，主要幹線道路は設計速度が高く，自動車交通量も多く，歩行者，自転車などの交通も多い。このため，高度の安全性を確保することが求められ，高い輝度が必要である。幹線・補助幹線道路は設計速度が低く，交通量も主要幹線道路ほど多くないので，主要幹線道路より1ランク低い平均路面輝度を

設定した。

なお中央帯に対向車の前照灯によるグレアを遮光するための設備がある道路については，表3−1の下段の値を用いてもよい。

5）外部条件と平均路面輝度

ⅰ）高速自動車国道等

高速自動車国道等における平均路面輝度は，その構造から運転者の視覚に及ぼす道路周辺の明るさの影響を考慮する必要があり，外部条件AおよびBを1.0 cd/m^{2}とし，この影響がほとんどない外部条件Cについては，1ランク低い0.7 cd/m^{2}とした。

ⅱ）一般国道等

一般国道等の平均路面輝度は，混合交通の影響および道路周辺の明るさの影響を考慮して，外部条件A，B，Cに対してそれぞれ1.0，0.7，0.5 cd/m^{2}の3種類を標準とした。

(2) 輝度均斉度

1）総合均斉度

総合均斉度U_0は式（3.3）で表される。

$$U_o = \frac{L_{min}}{L_r} \quad \cdots\cdots\cdots\cdots\cdots\cdots\cdots\cdots\cdots\cdots\cdots\cdots\cdots\cdots\cdots\cdots\cdots (3.3)$$

ここに，L_{min}：最小部分輝度（cd/m^2）

L_r　：平均路面輝度（cd/m^2）

本基準では諸条件に応じて必要な平均路面輝度を1.0，0.7，0.5 cd/m^{2}の3種類とし，その時の総合均斉度は0.4以上を原則とした。なお，この総合均斉度は，3−3に詳述するポール照明方式を対象に規定したものである。ポール照明方式以外の照明方式においても総合均斉度は高いことが望ましいが，灯具高さが低くなる場合には総合均斉度0.4以上を満たすことが困難であることから，可能な限り良好な均斉度を確保することが望ましい。

2）車線軸均斉度[1]

輝度均斉度は視覚的な不快感にも影響することから路面輝度はできるだけ均一である必要がある。路面の輝度ムラが運転者の不快感に影響する程度を表す指標を車線軸均斉度という。車線軸均斉度は，各車線の中心線に沿った最小部分輝度を最大部分輝度で除した値で表され，車線軸均斉度の値が高いほど視覚的な不快感は小さ

くなる。車線軸均斉度$U_{(\ell)}$は，式（3.4）で表され，表解3−1の値とすることが望ましい。

$$U_\ell = \frac{L_{\min(\ell)}}{L_{\max(\ell)}} \quad \cdots\cdots\cdots\cdots\cdots\cdots\cdots\cdots\cdots\cdots\cdots\cdots\cdots\cdots\cdots\cdots\cdots\cdots\cdots\cdots (3.4)$$

ここに，$L_{\min(\ell)}$：車線中心線上の最小部分輝度（cd/m^2）
$L_{\max(\ell)}$：車線中心線上の最大部分輝度（cd/m^2）

表解3−1　車線軸均斉度

道路分類		車線軸均斉度
高速自動車国道等		0.7以上
一般国道等	主要幹線道路	0.5以上
	幹線・補助幹線道路	—

（3）視機能低下グレア[1]

障害物の視認性は，視機能低下グレアとも関係があり，相対閾値増加によって表される。相対閾値増加TIは式（3.5）で表され，運転者の視野から照明器具が遮られ，グレアが存在しない場合に視認できる対象物とその背景となる路面の輝度差に対して，グレアが存在する場合における視認できる輝度差の増加率に基づいており，相対閾値増加が小さいほど障害物が視認しやすいことになる。

$$TI = \frac{\Delta L_{\min}' - \Delta L_{\min}}{\Delta L_{\min}} \times 100 \quad (\%) \quad \cdots\cdots\cdots\cdots\cdots\cdots\cdots (3.5)$$

ここに，$\Delta L_{\min}'$：グレア源（光源を含むグレアの原因となる輝度）がある場合の障害物を視認するために必要な障害物と背景路面との最小輝度差

$\Delta L_{\min}$：グレア源がない場合の障害物を視認するために必要な障害物と背景路面との最小輝度差

照明設計，および性能の確認においては，実験的に求められた式（3.6）および（3.7）を用いて相対閾値増加TIを求めることができる。

$L_r \leqq 5$ cd/m^{2}の場合　　$TI = 65 \cdot \dfrac{L_v}{L_r^{0.8}} \quad (\%) \quad \cdots\cdots\cdots\cdots\cdots\cdots (3.6)$

$L_r > 5$ cd/m^{2}の場合　　$TI = 95 \cdot \dfrac{L_v}{L_r^{1.05}} \quad (\%) \quad \cdots\cdots\cdots\cdots\cdots\cdots (3.7)$

ここに，L_r：平均路面輝度（cd/m²）
　　　　L_v：運転者の視野内の照明器具による等価光幕輝度（cd/m²）

　表3-2の視機能低下グレアは，道路分類に応じて相対閾値増加を規定したものである。なお，この視機能低下グレアは，3-3に詳述するポール照明方式を対象とした。ポール照明方式以外の照明方式においても，表3-2の規定を満たすことが望ましいが，灯具高さが低くなる場合は表3-2の規定を満たすことが困難であることから，可能な限り良好な値を確保することが望ましい。

　等価光幕輝度L_vは，眼球内散乱の程度を表すものであり，式（3.8）で表される。図解3-1に示すように，等価光幕輝度はグレア源から眼に入射する照度と視線とグレア源とのなす角度によって求まり，照度が高く，角度が小さいほど高くなる。

$$L_v = 10 \cdot \frac{E_v}{\theta^2} \quad (\mathrm{cd/m^2}) \quad \cdots\cdots\cdots\cdots\cdots\cdots\cdots\cdots\cdots\cdots (3.8)$$

ここに，E_v：視線と垂直な面における照度（lx）
　　　　θ：視線とグレア源のなす角度（°）

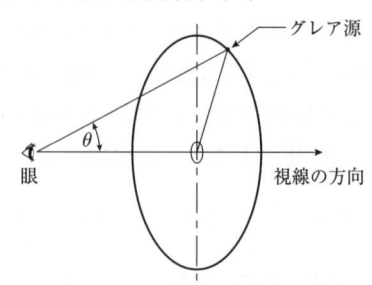

図解3-1　等価光幕輝度の概念図

　グレア源が複数存在する場合は，式（3.9）によって等価光幕輝度を計算する。

$$L_v = 10 \sum_{i=1}^{n} \frac{E_{vi}}{\theta_i^2} \quad (\mathrm{cd/m^2}) \quad \cdots\cdots\cdots\cdots\cdots\cdots\cdots\cdots (3.9)$$

ここに，E_{vi}：視線と垂直な面における照度（lx）
　　　　θ_i：視線とグレア源のなす角度（°）
　　　　i：対象とする灯具台数

（4）誘　導　性

　3-1に解説したとおり，誘導性を表す効果には，視覚的誘導効果と光学的誘導効果がある。視覚的誘導効果は性能指標である平均路面輝度と総合均斉度を満たすこと

により基本的に確保できる。一方，光学的誘導効果は単独で検討すべき誘導性の効果である。光学的誘導効果を得るための要因としては，灯具の高さ，配列，間隔が挙げられる。この他，灯具配光も光学的誘導効果に影響を及ぼす。

　灯具の取付高さが高いほど，遠方までの道路線形の表示効果が得られる。

　灯具配列は，道路幅員や道路線形等を考慮して選択される。道路の曲線部では千鳥配列よりも片側配列の方が良好な光学的誘導効果が得られる。特に曲線半径が小さい場合には，曲線部の外側に灯具を片側配列することにより，良好な光学的誘導効果を得ることができる。

　灯具間隔は，灯具の取付高さや道路幅員に応じて選択される。適切な灯具間隔であれば，良好な光学的誘導効果が得られる。特に曲線半径が小さい曲線部では，灯具の取付高さを一定に維持しつつ，取付間隔を短縮することにより，良好な光学的誘導効果を得ることができる。

　また，光学的誘導効果を得るには灯具配光も重要であり，道路軸方向に適切な光度を有する場合に，視機能低下グレアを抑制しつつ良好な光学的誘導効果が得られる。

　誘導性は定量的な指標の設定や評価が困難であるが，照明施設の重要な要件であり，灯具の高さ，配列，間隔や配光等を考慮して良好な誘導性が得られるようにする必要がある。

3－3　照明方式の選定

　連続照明の照明方式は原則としてポール照明方式とする。ただし，道路の構造や交通の状況などによっては，構造物取付照明方式，高欄照明方式，ハイマスト照明方式を選定することができる。
　なお，灯具は照明方式に応じて適切に配置するものとする。

【解　説】

　ポール照明方式は，構造物取付照明方式や高欄照明方式に比べ，光源が高い位置にあるため，性能指標である平均路面輝度，輝度均斉度，視機能低下グレアおよび誘導性を満足しやすい特長がある。また，設計手法が確立されており，採用実績も多いことから，連続照明についてはポール照明方式を選定することを原則とした。なお，特殊な構造の道路の部分などには，構造物取付照明方式などの照明方式を選定してもよい。

（1） 照明方式の選定
　照明方式の選定は，下記に示す各方式の特徴を考慮する必要がある。
 1） ポール照明方式
　　この照明方式は道路照明で最も広く用いられているもので，ポールの先端に灯具を取り付け，道路に沿ってポールを配置する方式である。
　　この照明方式の利点は，必要な場所に比較的随意にポールを設置でき，道路線形の変化に応じた灯具の配置が可能なので，曲線部等での誘導性が得やすく，また照明効果も高いことから灯数が少なくて済み，経済的な照明ができることである。また，ポールを適切に配置すれば，昼間にもポールの並びによって誘導効果を得ることができる。欠点は，灯具間隔が狭い場合や道路線形が複雑な場合にポールが乱立した印象となり，昼間時の景観が損なわれる場合があることである。
 2） 構造物取付照明方式
　　この照明方式は，道路上または道路側方に構築された構造物に直接，灯具を取り付け，道路を照明する方式である。
　　この方式の利点は，灯具を取り付けるポール等の支持物が不要であるため，他の方式に比べ建設費が比較的安価なことである。欠点は，取付位置や，光源および照明器具の選定に制限を受けることである。また灯具の取付高さが，ポール照明方式に比べ低くなることが多いので，グレアやちらつきに注意する必要がある。
 3） 高欄照明方式
　　この照明方式は，高欄に灯具を取り付け，道路を照明する方式である。
　　この方式の利点は，誘導性が得やすく，昼間の景観に優れ，維持管理が容易なことなどである。欠点は取付高さが低いので，光源や照明器具の種類が限定されることや，道路軸方向と道路横断方向への配光が広がりにくいため，灯具を短い間隔で連続して取り付ける必要があることである。そのほか，グレアやちらつきに注意する必要がある。したがって，この照明方式は，景観を重視するような場所，また空港周辺で航空法の高さ制限などにより，ポールの建柱ができない場所等に採用される。
 4） ハイマスト照明方式
　　ハイマスト照明方式は，高さ20 m以上のマスト（ポール）に大容量の光源を内蔵した照明器具を複数個取り付け，少ない基数で広い範囲を照明する方式である。
　　この方式の利点は，灯具が高所に取り付けられるので，路面上の輝度均斉度が得やすく，運転者が道路の構造を遠方から予知でき，かつ，基数が少なく，昼間時の

景観に優れることである。また，複数個の灯具が1基に取り付けられるので，均斉度を低下させることなく調光が行えること，一部の光源が不点になった場合の影響が少ないこと，および交通に支障を与えることなく維持管理作業が行えることなども利点としてあげられる。欠点は，路面以外を照射する光が多くなり照明の効率が悪くなる傾向があることである。また，道路周辺への漏れ光に特に注意する必要がある。

(2) 灯具の配置

1) ポール照明方式では，照明施設の性能指標である平均路面輝度，輝度均斉度，視機能低下グレア，および誘導性を満足するために，3-1および3-2に示した規定に基づいて配置する必要がある。

　適切な平均路面輝度と輝度均斉度を得るためには，路面の輝度の分布を考慮して灯具を配置することが重要であり，そのもとになるのは灯具1灯によって路面上にできる輝度分布の形状である。

　図解3-2は灯具1灯による路面上の照度分布の例であり，図解3-3はそれを観測者Obから見た場合の輝度分布の例である。照度分布が道路軸方向において前後対称であるにもかかわらず，輝度分布は非対称であり，観測者に近い方向に長くなっている。その理由は路面がかなりの鏡面性を有しており，その表面に傾斜して入射した光が，方向により異なって反射されるからである。

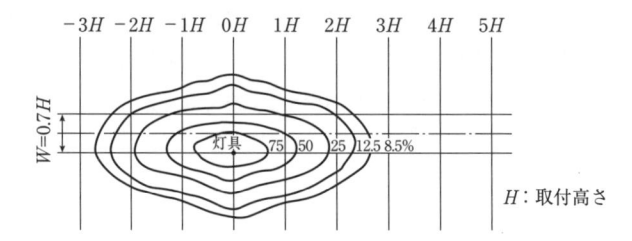

注）図中の数字は照度の最大値に対する各地点の照度の比率

図解3-2 灯具1灯による路面上の照度分布の例
（灯具軸に対して両方向が対称である）

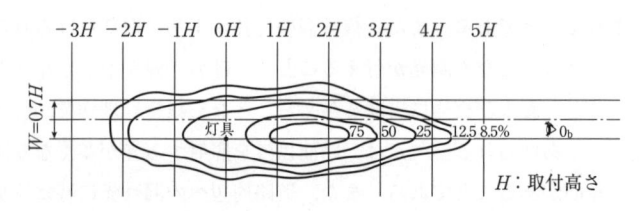

注）図中の数字は輝度の最大値に対する各地点の輝度の比率

図解 3 − 3　観測者Obから見た場合の輝度分布の例
（灯具軸に対して非対称であり，観測者に近い方向にのびている）

この輝度分布を観測者から見た透視図として示したものが図解 3 − 4 であり，同じ灯具を道路の反対側に設置した場合は図解 3 − 5 のようになる。

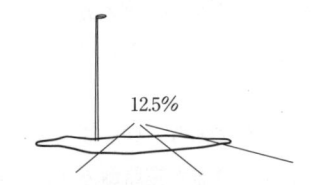

図解 3 − 4　灯具 1 灯による路面上の輝度分布の例
（灯具を 2 車線道路の左側に設置した場合）

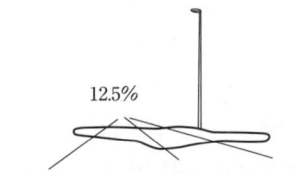

図解 3 − 5　灯具 1 灯による路面上の輝度分布の例
（灯具を 2 車線道路の右側に設置した場合）

これらの輝度分布は図解 3 − 6 に示すように灯具の取付高さが高くなると，それに比例して幅，長さとも大きくなるが，各地点の輝度の値は相対的に低くなる。また，灯具 1 灯当りの光源の光束を大きくすると，この輝度分布の形状は変わらないで，各地点の輝度の値が光源の光束に比例して高くなる。

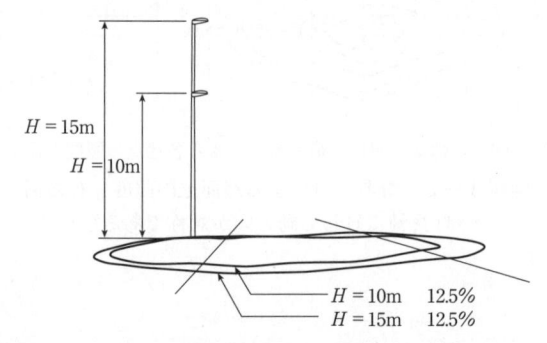

図解 3 − 6　灯具の取付高さによる路面上の輝度分布の例

このような灯具1灯による輝度分布を路面上にうまく重ね合わせて，運転者から見て必要な範囲の路面上の輝度均斉度が3－1，3－2に示す規定を満たすように灯具を配置すればよい。

　雨天時に路面が水の膜で覆われた場合には，その反射特性も水面のものに近くなり，さらに鏡面性が増す。完全に水の膜で覆われた場合の輝度分布は灯具直下の路面から観測者の方向に向いて長く延びた帯状のものとなる。しかし通常の路面は表面に細かい凹凸があり，雨天時には水の膜が点在するような状態となるので，その輝度分布は普通，図解3－7，図解3－8に示すようにその中間的な形状となる。灯具の配列は雨天時のこのような輝度分布の違いによる効果も考慮する必要がある。

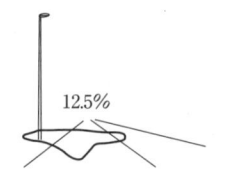

図解3－7 濡れた路面の輝度分布の例
（灯具を2車線道路の左側に設置した場合）

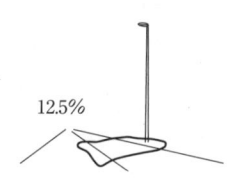

図解3－8 濡れた路面の輝度分布の例
（灯具を2車線道路の右側に設置した場合）

　路面が濡れているときでも照明効果があまり悪くならないようにするには，路面上に点在する水の膜による輝度分布を考慮してオーバーハングを検討する必要がある。

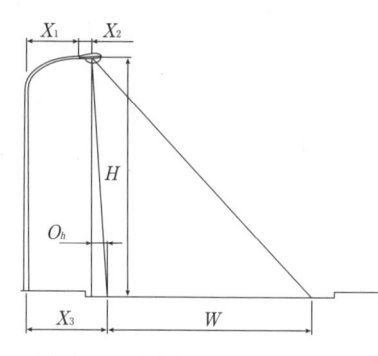

（a）灯具が車道外にある場合
　X_1：ポールの出幅
　X_2：灯具中心までの距離
　X_3：ポールから車道の端部までの距離

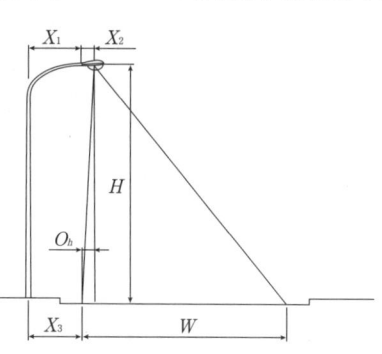

（b）灯具が車道内にある場合
　W：車道幅員
　H：灯具の取付高さ
　O_h：オーバーハング

図解3－9 オーバーハングの例

オーバーハングとは，車道の端部と灯具との水平距離を表し，灯具が車道外にある場合をマイナス（−），灯具が車道内にある場合をプラス（＋記号は省略）で示す。

オーバーハングは以下のようにして求めることができる。

$$Oh = (X_1 + X_2) - X_3 \quad \cdots\cdots\cdots\cdots\cdots\cdots\cdots\cdots\cdots\cdots\cdots\cdots\cdots\cdots (3.10)$$

灯具の横方向に配光のピークがある灯具では，オーバーハングをゼロとすることが望ましいとされてきたが，灯具の横方向よりもやや前方に配光のピークがある灯具では，その配光特性により湿った路面においても，灯具の横方向に配光のピークがある灯具よりも良好な光学特性が得られる。このため，オーバーハングは下記に示す配光の種別により選定するとよい。

横方向に配光のピークがある灯具：$-1 \leq Oh \leq 1$（m）

横方向よりもやや前方に配光のピークがある灯具：$-3 \leq Oh \leq 1$（m）

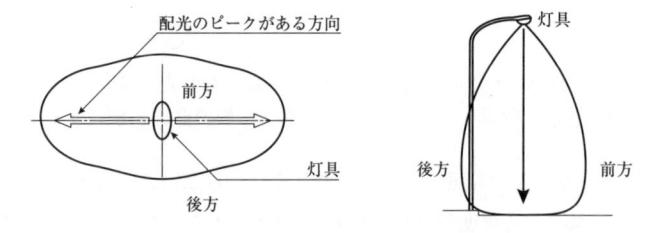

（a）横方向に配光のピークがある灯具

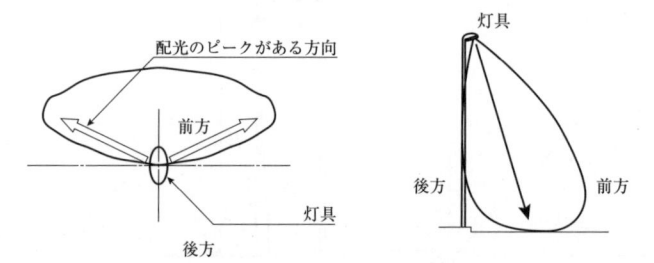

（b）横方向よりもやや前方に配光のピークがある灯具

図解 3−10　配光の種別

使用する灯具の配光種別や設計対象とする道路幅員にもよるが，オーバーハングは一般にその値が大きくなるほど照明率が低くなり，灯具の間隔を短くする必要があること，路面の輝度均斉度も低下する傾向があることを考慮し，配光の種別に応

じて推奨範囲を示した。ただし，性能指標を満足する場合はこの限りではない。

　なお，雨天時の濡れた路面について輝度分布を定量的に取り扱うことは，非常に困難であるため，配光の種別に応じたオーバーハングは，湿った路面を考慮したものである。前述した路面が水の膜で覆われた状態を考慮すれば，オーバーハングはできるだけ小さくすることが望ましい。

2）灯具のグレアを一定限度に抑制するためには，光源の光束の大きな灯具ほどその取付高さを高くする必要があり，この条件は路面輝度の均斉度を良くするためにも必要である。グレアの抑制については，原則として3-2の規定を満足するように配置を検討するのがよい。

(3) 灯具の配列

1）灯具の配列は図解3-11以外にも幾つかのものが考えられるが，何れもこの3種類の組合せであり，広い中央帯で往復分離されている道路はそれぞれの車道を独立した道路として考えればよく，中央帯に2灯式のポールを設置するいわゆる中央配列は片側配列2組と考えればよい。千鳥配列の車線軸均斉度U_ℓは他の2種類の配列のU_ℓより劣り，運転者からみて路面上の道路軸方向の輝度分布が不均一になりやすい傾向がある。

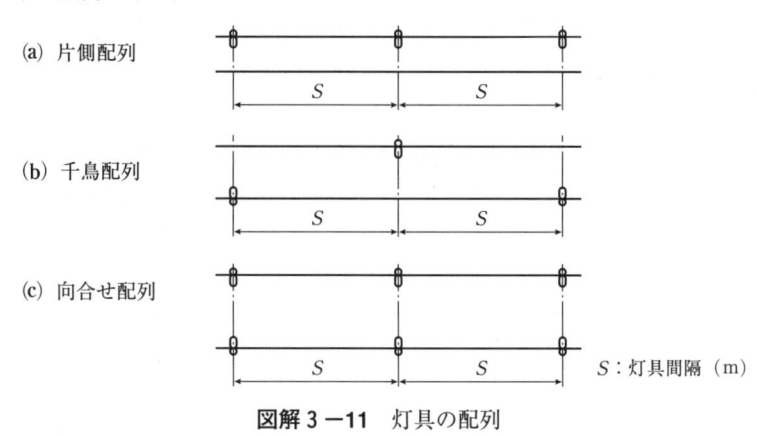

(a) 片側配列

(b) 千鳥配列

(c) 向合せ配列

S：灯具間隔（m）

図解3-11　灯具の配列

2）曲線半径1,000 m以下の曲線部においては，図解3-12に示すように曲線の外縁に片側配列とすることが望ましい。

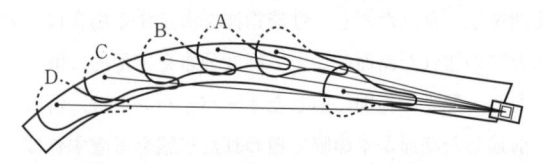

図解 3−12　曲線部における片側配列

　曲線部における灯具の配列として片側配列を推奨するのは，3−1に示す曲線部における誘導性と，曲線部における灯具の輝度分布の特性を考慮したものである。
　図解3−13は，曲線部において千鳥配列がされている場合の輝度分布を示すものであるが，曲線部の内縁に置かれた灯具Aは曲線部の外側の路面を十分に照明できない。

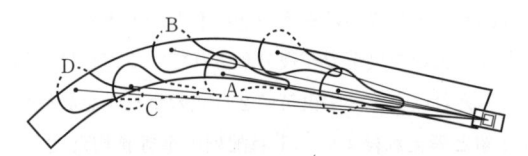

図解 3−13　曲線部における千鳥配列

　また，灯具Cはこの条件では曲線部の照明に効果がない。このように曲線部の内縁に置かれた灯具による照明は，曲線部の外側の部分に対して有効でない。これに対して，曲線の外縁に置かれた灯具BおよびDは曲線部の照明に有効である。また，図解3−12は曲線部においてその外縁に片側配列が行われている場合の輝度分布を示すものであり，各灯具とも曲線部の照明に有効であることがわかる。
　なお，向合せ配列および中央配列の行われている直線部に続く曲線半径300 m以下の曲線部については，図解3−14に示すように配列を変更しないで曲線外縁の灯具の間隔を直線部で設計した間隔よりも短縮することが望ましい。または，図解3−15に示すように各車道の外縁に片側配列を行うことが望ましい。ただし，いずれの配置においても性能指標を満足する場合は，灯具間隔を短縮しなくてもよい。

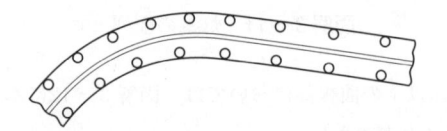

図解 3−14　曲線部における向合せ配列

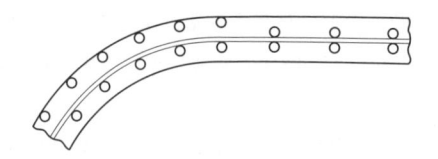

図解3－15　曲線部における片側配列（2列）

3－4　連続照明の運用

> 連続照明は，交通の安全に配慮のうえ調光することができる。

【解　説】
　電力消費の軽減を図るため，減光，減灯の調光措置によって照明レベルを下げることができる。しかしながら，道路照明施設は，本来，交通安全施設として設置するものであり，調光にあたっては，道路状況，道路周辺状況，交通状況等を十分考慮のうえ，実施場所，明るさのレベル，実施時間帯等を慎重に決定する必要がある。
（1）調光の方法
　調光を行う場合は減光によることが望ましい。したがって，照明施設を設置するにあたっては減光し得るよう，あらかじめ減光可能な配線，装置を設置しておく必要がある。
　なお，減灯による調光を行う場合は，輝度均斉度が低下して連続照明としての性能が維持できないおそれがあるため，交通の安全に十分に配慮する必要がある。
（2）明るさのレベル
　明るさのレベルは，3－2に規定する平均路面輝度の1/2程度まで減じてよいが，その場合においても平均路面輝度は$0.5 cd/m^2$を下回らないことが望ましい。
　ただし，視線誘導等を目的として運用する場合にあってはこの限りでない。
（3）調光の時間帯
　1）3－2で述べたように，沿道に存在する光の程度によって所要の路面輝度は異なる。すなわち，運転者の視野内での道路上の明るさと，それ以外の部分の明るさとの対比が障害物等の視認において問題となる。平均路面輝度を決定する際の外部条

件は照明施設の点灯時，沿道に存在する光の程度によって設定するものであるが，一般に夜間から深夜にかけて，時間の経過とともに外部条件は良好となると考えられる。

2） 夜間から深夜にかけて，時間の経過とともに自動車，自転車，歩行者の交通量は減少し，走行条件は良好になる傾向と考えられる。

3） 以上により，調光にあたっては沿道に存在する光の程度，自動車，自転車，歩行者の交通量を時間ごとに把握することが必要であり，これらの調査結果等を勘案して調光の時間帯を決定するのがよい。

なお，照明特性の連続性を考慮して道路管理者間で調光の時間帯と照明レベルを調整することが望ましい。

第3章 参考文献

1） 国際照明委員会：Recommendations for the Lighting of Roads for Motor and Pedestrian Traffic, CIE Pub. No. 115, 1995.

第4章　局 部 照 明

4-1　局部照明の一般原則

> 局部照明は，それぞれの整備目的を十分考慮のうえ，光源，照明器具，灯具の配置方法等を適切に選定するものとする。

【解　説】
　局部照明は，交通流が局部的に複雑となるような場所，道路の平面線形や縦断線形が複雑な場所等において，交通状況，道路状況等を明確にすることを目的として整備するものである。
　局部照明に用いる光源，照明器具，灯具の配置方法等は，各局部照明の目的に基づいて選定し，照明方式については3-3を準用するものとする。
　連続照明区間に局部照明を整備する場合は，路面輝度，灯具配光等を考慮して局部照明のための灯具の配置を行うことが必要である。

4-2　交　差　点

> 交差点の照明は，道路照明の一般的効果に加えて，これに接近してくる自動車の運転者に対してその存在を示し，交差点内および交差点付近の状況がわかるようにするものとする。

【解　説】
　交差点の照明は，自動車の前照灯効果の及ばないところを補い，交差点に接近，進入，通過する自動車の運転者に対して以下の役割を果たすことを目的としている。
　ⅰ）遠方から交差点の存在がわかること
　ⅱ）交差点付近に存在する他の自動車，歩行者等が，交差点より手前から識別できること

ⅲ）交差点内に存在する他の自動車，歩行者等が，交差点内において識別できること

ⅰ）とⅱ）については，適切な灯具配置等により所期の効果が得られるようにする必要がある。一方，ⅲ）については，交差点内の明るさを確保する必要がある。

交差点内とは，原則として平面交差する道路部分を対象とし，図解4－1に示す。また横断歩道がある場合は，歩行者等の見え方が交通事故防止には特に重要であり，横断中および横断しようとしている歩行者等の見え方を考慮し，図解4－2に示すように横断歩道部と歩行者等の待機場所（1m程度）までを含む範囲を交差点内と考えるとよい。

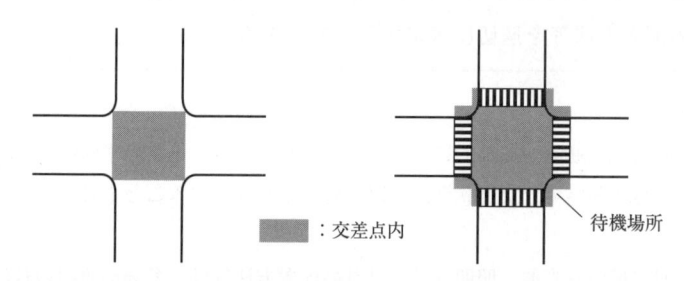

図解4－1 交差点内の範囲　　**図解4－2** 横断歩道のある交差点内の範囲

交差点内の明るさは，平均路面照度 20 lx程度[1]，かつ照度均斉度は0.4[2] 程度（路面上の最小照度を平均路面照度で除した値）を確保することが望ましい。また，車両や歩行者等の交通量が少なく，周辺環境が暗い交差点においても，平均路面照度は10 lx以上[4]を確保することが望ましい。なお，交差点内の横断歩道上の平均路面照度は，交差点内と同程度の値を確保することが望ましい。

交差点が連続照明区間内に存在する場合には，交差点内を連続照明区間より明るくすることが望ましい。さらに，灯具配置などで連続照明との間に変化を付けることにより交差点の存在を強調し，それを交差点に進入しようとする自動車運転者に示すことができる。

各種の交差点における灯具の配置についての考え方と，当該道路における連続照明の設置間隔Sを用いた配置例を図解4－3～図解4－11に示す。連続照明の設置間隔Sをもとに，配置例を示したのは以下による。

(イ) 交差点に最も近い位置に設置される灯具を適切に配置することにより，前記ⅰ）～ⅲ）の効果が得やすいこと

(ロ) 将来，連続照明が設置される場合においても，交差点の照明と連続照明との連

続性が確保できること

なお，ポール照明以外の照明方式を採用する場合には，誘導性を十分検討して適切に灯具を配置する必要がある。

(1) Ｔ　字　路

図解4－3は，Ｔ字路における灯具の配置例を示したものである。

各灯具の主要効果は次のとおりである。

灯具Aは，道路①よりＴ字路に接近しつつある自動車に対して，道路の終端および終端付近の状況を示す。灯具Bは，道路①より左折する自動車の前方を照明し，②，③より直進する自動車に対して①より右左折する自動車のあることを示す。灯具Cは，道路②より右折または③より左折する自動車の前方を照明する。灯具Dは，道路①より右左折する自動車に対して，道路③より左折または直進しつつある自動車の存在を示すと同時に，道路①より右折する自動車の前方を照明する。灯具E，F，Gは道路の幅員が広く明るさが確保できない場合にそれぞれ灯具B，C，Dの効果を補うものである。

以下，図中の補足（車道幅員の広いとき）の灯具は，車道全体の幅員が広く明るさが確保できない場合に設置する。灯具H，J，Kはそれぞれ連続照明の灯具を示すもので，原則としてこのＴ字路の照明には含まれない。道路①には連続照明が設けられていないが，灯具I，Lは幅員構成の変化を明示するための照明である。

以下の各交差点の灯具配置は上述の効果を原則としている。

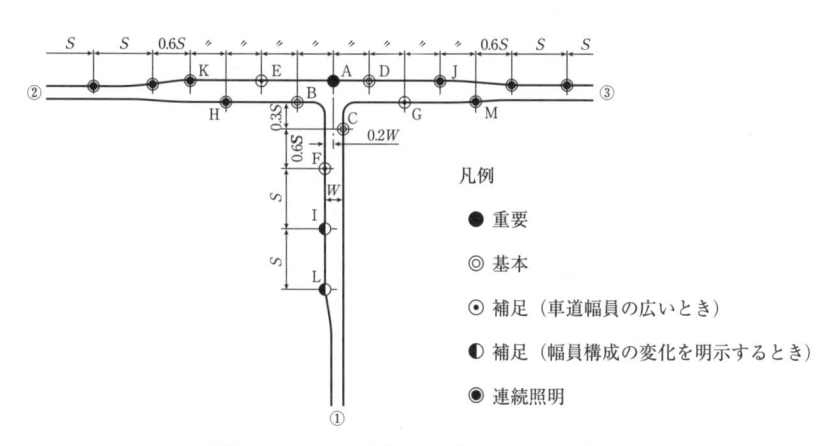

図解4－3　Ｔ字路における灯具の配置例

(2) 十 字 路

図解4－4，図解4－5，図解4－7，図解4－9は，種々の十字路における灯具の配置例を示したものである。

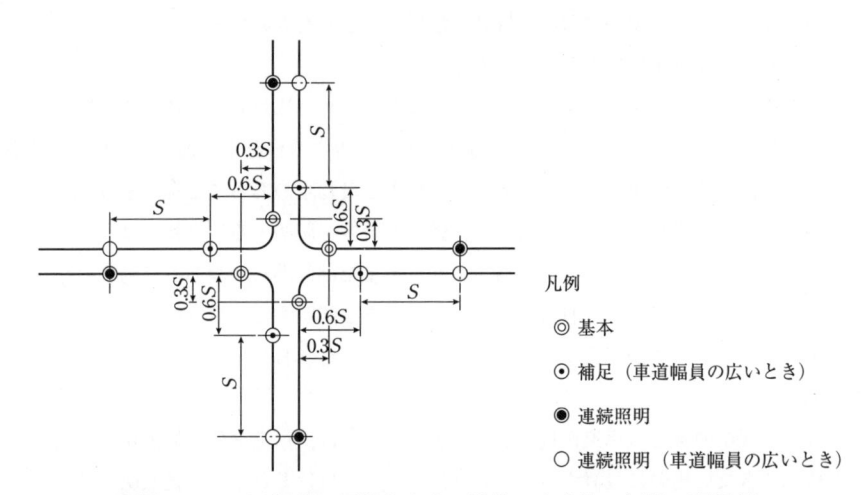

図解4－4 同程度の幅員を有する道路の十字路の灯具の配置例

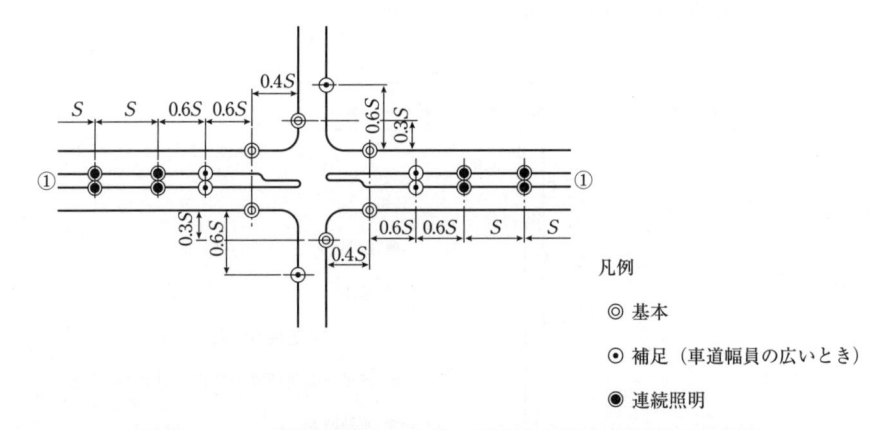

図解4－5 照明施設を中央帯に配列する場合の灯具の配置例

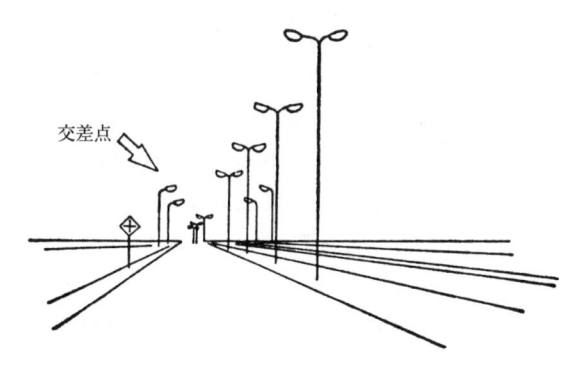

図解4－6 図解4－5により配置した場合の透視図

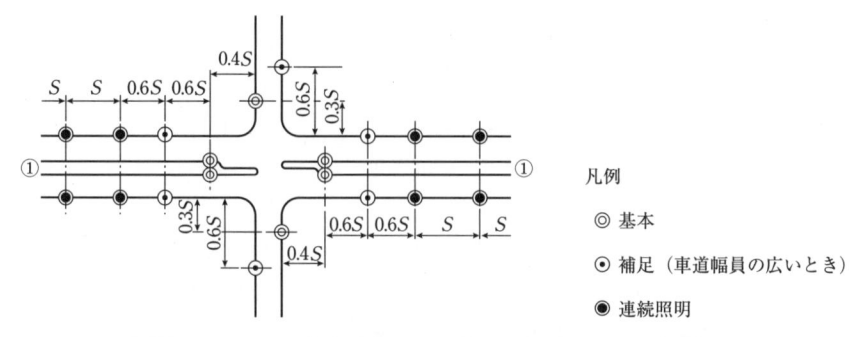

図解4－7 照明施設を路側に配列する場合の灯具の配置例

凡例
◎ 基本
⊙ 補足（車道幅員の広いとき）
● 連続照明

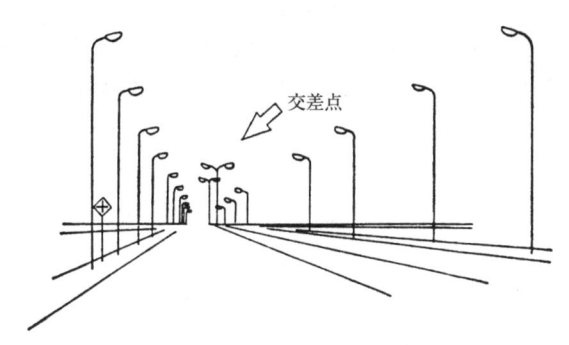

図解4－8 図解4－7により配置した場合の透視図

　図解4－4は同程度の幅員を有する道路の十字路における灯具の配置例であり，各灯具の主要効果は前記T字路の場合と同様である。いずれか一方の道路の交通量が少ない場合にはその道路の灯具は省略してもよい。

― 49 ―

図解4－5および図解4－7は，それぞれ中央帯を有する道路（道路①）が，他の道路と交差している場合の灯具の配置例を示すものであり，各灯具はT字路について述べたような効果を有すると同時に，主道路①の照明施設の配置を交差点で明確に変え，交差点の存在をわかりやすくしてある。図解4－6および図解4－8は，それぞれの場合において道路①から見た透視図を示したものである。
　図解4－9は交差点付近に横断歩道が設けられている場合の灯具配置例を示したものであって，この考え方は図中に示す距離dが概ね0.3 Sより小さい場合にのみ適用し，これ以上の場合には，4－3と合わせて検討するのがよい。各灯具の効果や重要性は図解4－3と同様である。

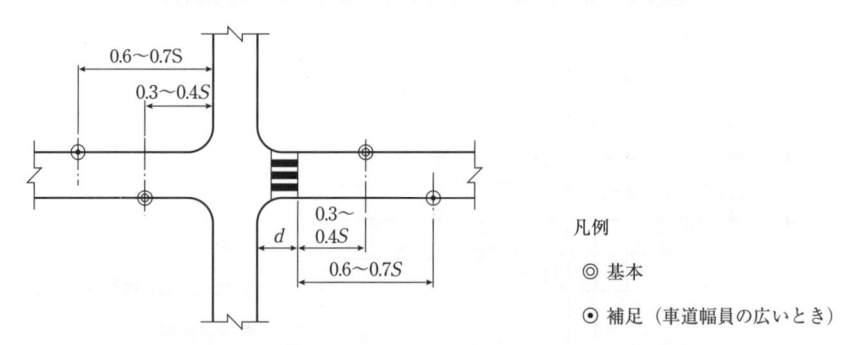

図解4－9　横断歩道のある十字路における灯具の配置例

　図解4－10は道路幅員が広く，横断歩道が設けられている交差点で，図解4－4～図解4－9を参考に灯具を配置しても交差点内の明るさが確保できない場合に，隅切り部に灯具を補足することで効果的に交差点内の明るさを確保し，右左折時の横断歩

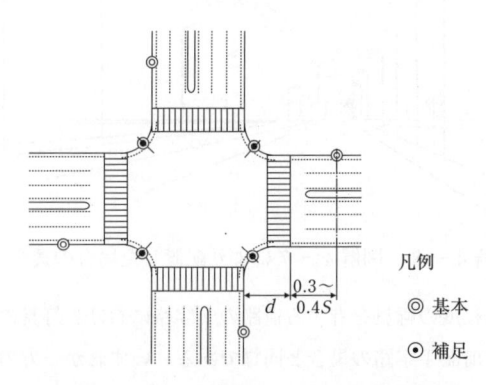

図解4－10　隅切り部への灯具の配置例

行者等の見え方を向上させる配置例である。

なお，隅切り部への灯具の配置においては，運転者からの歩行者等の見え方に影響を与えないように配慮する必要がある。

(3) Ｙ字路

Ｙ字路は，道路が前方で右および左に分岐するもので誘導性が特に重要である。
図解4－11（a），（b）は，それぞれ右および左に分岐しているＹ字路を示す。図解4－11（a）の灯具Aは，道路③より①へ左折する自動車の前方を照明すると同時に道路②より①へ直進する自動車に対して道路③より左折しつつある自動車が存在することを示す。

灯具Bは道路①より②に直進する自動車に対して，道路③より②に右折しつつある自動車の存在を示し，③より②に右折する自動車の前方を照明する。灯具Cは道路①より③へ分岐する自動車に対して，分岐点付近を照明し道路③の存在を明瞭にする。灯具Dは道路③より分岐点に接近しつつある自動車に対して，道路③の終端付近の状況を示す。

灯具E，F，Gはそれぞれ道路の幅員が広く明るさが確保できない場合，それぞれ灯具A，B，Cの効果を補うもので，狭い道路では省略してもよい。ただし，狭い道路でも，このＹ字路に連続して道路照明を行う場合は，この位置から開始する必要が

(a) 右分岐における灯具の配置例

(b) 左分岐における灯具の配置例

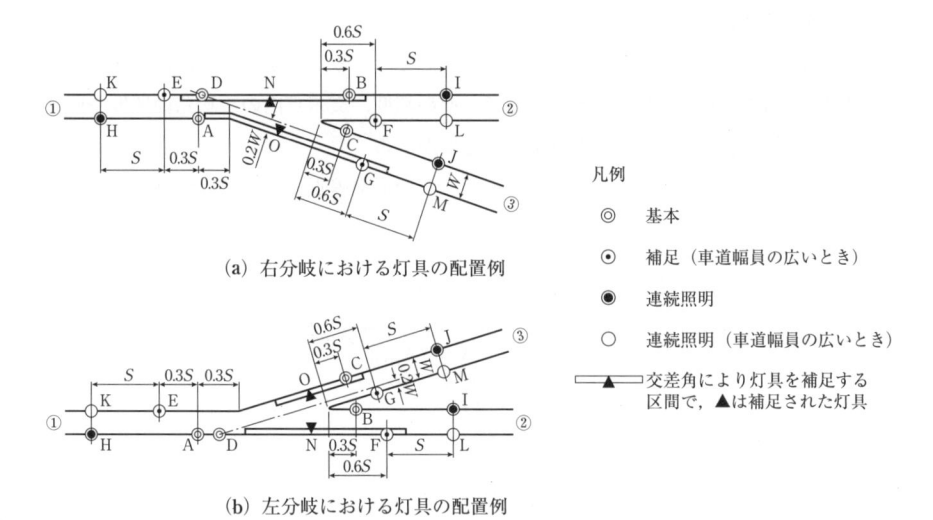

図解4－11　Ｙ字路における灯具の配置例

ある．灯具H，I，Jはそれぞれ連続照明の灯具を示すもので，原則としてこのY字路の照明には含まれない．

灯具K，L，Mはそれぞれ道路の幅員が広く，向合せ配列が必要な場合の灯具の位置を示す．灯具BD間および灯具AC間の距離は，交差角によっていろいろ変化するが，これらの灯具の間隔が広くなることで，明るさが確保できない場合は灯具を増設する必要がある．灯具N，Oはその例である．

また，交差角によって灯具EとDが接近して，その間隔が概ね0.3S以下になる場合には，二つの灯具を設けるべき地点の中間に灯具を1灯設置し，これで兼用させてもよい．さらに道路③が一方通行で，分岐する方向だけの交通しかない場合には，灯具Dを省略してよい．

図解4-11 (b) の灯具Aは，道路③より①に合流する自動車の前方を照明すると同時に，道路②より①へ直進する自動車に対して，道路③より①に合流しつつある自動車が存在することを示す．

灯具Bは道路①より②へ直進する自動車に対して道路③より①に合流しようとする自動車の存在を示し，道路③と②の分岐点付近を照明し道路②の存在を明瞭にする．灯具Cは道路①より③へ分岐する自動車および道路②より③へ右折する自動車の前方を照明する．灯具D以下は図解4-11 (a) と同じ効果をもつ．

(4) 特殊な交差点

特殊な交差点における照明は，上記の組合せと考えることができるが，必ずしも配置例どおり設置することはできないので，その都度，交差点内の平均路面照度や照度均斉度を慎重に検討して配置を決定する必要がある．

図解4-12はチャンネリゼーションを行った変形交差点において，灯具を配置する場合の一例である．

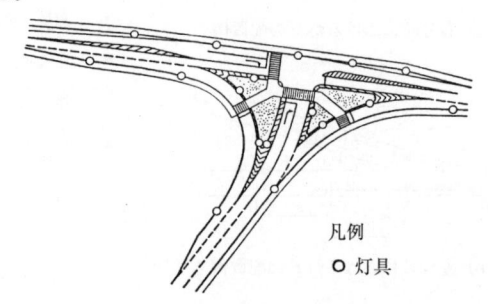

図解 4-12 チャンネリゼーションを行った変形交差点における灯具の配置例

4－3 横断歩道

> 横断歩道の照明は，これに接近してくる自動車の運転者に対して，その存在を示し，横断中および横断しようとする歩行者等の状況がわかるようにするものとする。

【解　説】
　横断歩道の照明は，単路部に単独に存在する横断歩道について規定するものであり，交差点内にある横断歩道の照明については4－2によるものとする。
　横断歩道は，歩行者等が車道を横断する場合に指定された場所であり，特に歩行者等の安全を確保しなければならない重要な場所である。したがって，その照明は，自動車の運転者が横断歩道の存在を知り，そこを横断中の歩行者が良く見え，また，横断しようとして歩道の縁石あるいは路端に立っている歩行者も良く見えるようにすることが重要である。
　横断歩道の照明方式は，運転者から見て歩行者の背景を照明する方式を原則とするが，背景の明るさを確保することが難しい場合などには，歩行者自身を照明する方式を選定することができる。
　以下にそれぞれの照明方式とその照明要件を示す。

（1）歩行者の背景を照明する方式
　1）連続照明のない場合
　　　通常，横断歩道上またはその付近にいる人物の路面上0.5 mまでの高さを50 m手前の運転者から視認できることが必要である。ここで，人物の高さを0.5 mとしたのは，人物の一部を対象とすれば，シルエット視によりその存否が確認できること，人物は子供を前提とし子供の身長を1 mとして，その下半身の高さを採用したことによる。
　　　有効な背景として横断歩道の後方35 m以上の路面を明るくする必要があるが，明るい路面を背景とする人物のシルエット効果を良くするためには，横断歩道の後方に灯具を配置し，横断歩道の直前には設置しない方がよい（図解4－13参照）。

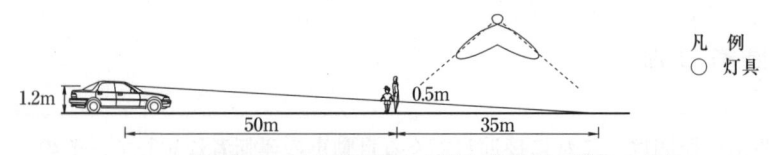

図解 4-13 運転者から見た歩行者の背景の長さ

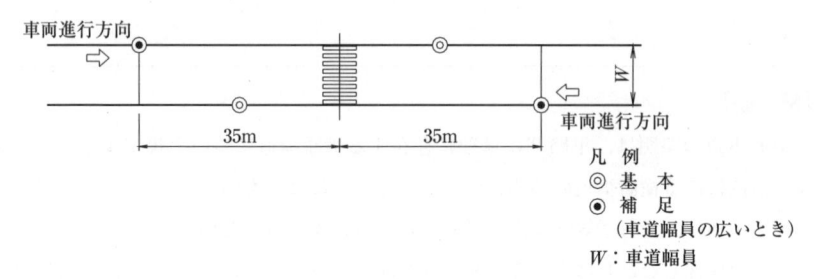

図解 4-14 歩行者の背景を照明する方式の灯具の配置例

　平均路面照度は，横断歩道の前後それぞれ35 mの範囲を対象に20 lx程度[3]を確保することが望ましく，交通量が少なく，周辺環境が暗い場合においても10 lx以上[4]を確保することが望ましい。

　また，路面の照度分布が不均一になると歩行者等の視認性に影響するため，路面の照度分布はできるだけ均一に保つことが望ましい。

2）連続照明のある場合

　横断歩道が連続照明区間内に存在する場合は，図解4-14に示す配置となるように考慮し，横断歩道の前後それぞれ35 mの範囲を連続照明区間より明るくすることが望ましい。

（2）歩行者自身を照明する方式

　横断歩道上の歩行者等を直射光により照明する方式は，将来においても連続照明が設置されない道路や，横断歩道が曲線部や坂の上などに設けられ，背景が路面になりにくい場合など，背景の明るさの確保が難しく，シルエット効果が得られにくい場合に適している。

　横断歩道上およびその付近の歩行者等を視認するには，運転者方向の鉛直面照度が必要であり，横断歩道中心線上1 mの高さにおいて，鉛直面の平均照度は，20 lx程度[5]を確保することが望ましい。なお，交通量が少なく，周辺環境が特に暗い場合などにおいても10 lx以上[4]を確保することが望ましい。ここで，鉛直面照度を高さ1 mと

したのは，人物は子供を前提とし，子供の身長を1mとしてその全身を照明し，人物の存否，動き等の視覚情報を得るためである。

灯具は，横断歩道の手前の鉛直面照度が高くなる位置に設置するとともに，横断歩道中心線上の鉛直面照度の分布をできるだけ良好に保つことが望ましい（図解4－15参照）。

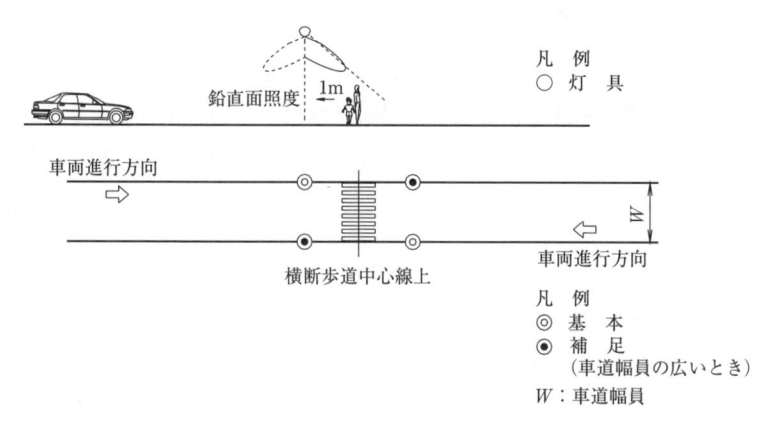

図解4－15　歩行者自身を照明する方式の灯具の配置例

4－4　歩　道　等

歩道等の照明は，夜間における歩行者等の安全かつ円滑な移動を図るために良好な視環境を確保するようにするものとする。

【解　説】

歩行者等が歩道等を安全に通行するためには，道路上に存在する障害物や路面の段差などの道路状況を把握するうえで適切な路面照度を確保するのがよい。

路面照度の設定には，交通量や周辺の光環境などを考慮するものとし，視認性の観点から平均路面照度5lx以上[6]とすることが望ましい。また，歩道等の路面に明るさのムラがあると障害物の視認が困難となる。このため路面の照度均斉度（路面上の最小照度を平均照度で除した値）は，0.2以上[7]を確保することが望ましい。灯具は，誘導性を考慮し等間隔で連続的に設置することが望ましい。

なお，当該路面の照度および均斉度が連続照明等によって確保される場合は，歩道等

の照明を設置しなくてもよい。
　高齢者や障害者などの利用が多く，特に重要であると認められる箇所においては，「道路の移動円滑化整備ガイドライン」（（財）国土技術研究センター）[8] を参考にするとよい。

4－5　その他の場所

> 　道路の幅員構成・線形が急変する場所，橋梁，踏切，インターチェンジ，料金所広場，休憩施設等を照明する場合は，灯具の配置等に留意するものとする。

【解　説】
(1) 道路の幅員構成が急変する場所
　車道幅員，路肩幅員の減少などにより幅員構成が急激に変化する場所は，走行上危険な箇所となるおそれがあるので，道路標識，防護柵などの設置とともに，急変する場所の状況が遠方より視認できるよう必要に応じて照明施設を設置するのがよい。

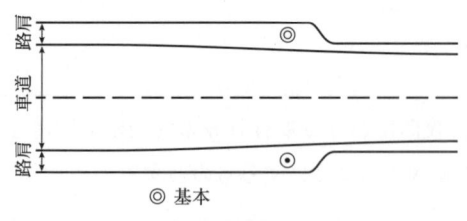

◎ 基本
⊙ 補足（車道幅員の広いときなど）

図解4－16　幅員構成が急変する場所の灯具配置の例

(2) 道路線形が急変する場所
　道路線形が急変する場所としては，平面線形が急変する場所，縦断線形が急変する場所および両者が複雑に絡み合った場所がある。
　平面線形が急変する場所の照明は当該箇所の状況を明示することはもちろんのこと，灯具の配列と路面上の輝度分布のつながりによって，良好な誘導性が得られるよう，灯具を適切に配置する必要がある。
　一方，縦断線形が急変する場所の照明は，前照灯の効果が及ばない頂部や底部にお

いて付近の詳細がわかるように，適切な灯具の配置が必要である。また坂路では，運転者が灯具から強いグレアを受けやすいので，灯具を必要以上に傾斜して取付けたりしないこと，灯具の配光を制限することなどの配慮が必要である。

インターチェンジのランプなどのように，平面線形と縦断線形とが複雑に変化する場所においては，灯具の配列と路面上の輝度分布のつながりによって良好な誘導性が得られるように透視図などを用いて灯具配置を検討することが望ましい。

(3) 橋　　梁

橋梁の照明を連続的に設置する場合は，第3章の規定に準ずるのがよい。また，下記の事項に留意して設置する必要がある。

1) 橋梁の構造などによっては，灯具の取付高さや間隔が制限されることがある。灯具の取付高さや間隔が制限された場合には，灯具の取付位置に注意して，グレアをできるだけ少なくなるようにすることが望ましい。

2) 付近を船舶が航行する場合には，橋梁部分の照明光がグレアを与えたり，航路灯との誤認を生じさせたりするおそれがある。したがって，このような状況にある橋梁の照明に用いる灯具の配光には特に注意が必要である。

3) 橋梁によっては，側面から見た照明効果やその装飾性などに特別の考慮が必要となることがある。

(4) 踏　　切

踏切では，遮断機，踏切警標，停止線などが確認でき，前方の道路状況が明確に見通せるよう考慮しなければならない。また，線路方向にはできるだけ直射光を出さない配慮が必要である。図解4-17に，踏切における灯具の配置例を示す。

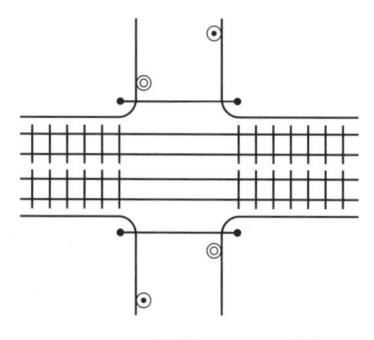

◎ 基本

⊙ 補足（車道幅員の広いときなど）

図解4-17　踏切における灯具の配置例

(5) インターチェンジ

インターチェンジ（ジャンクションを含む）の照明は，通過，あるいは出入りする自動車の運転者に対して，インターチェンジ付近の道路線形，他の自動車などの状況が明確にわかるようにする必要がある。特に分合流部は，道路線形や幅員の変化があり，かつ車線変更，速度変更が行われる場所であるため，灯具の配置については十分に検討する必要がある。

(6) 料金所広場

料金所広場においては，これに出入りする自動車の運転者はゲートを中心にして，他の自動車の動向に注意しながら，分流，一旦停止，発進加速，合流などの一連の複雑な動作を行う必要がある。これを正確に行うための視覚情報を得るには他の自動車の動向や自車とゲートとの位置関係などを正確に知る必要がある。

ゲート内の料金徴収員は，ゲートに接近する自動車の車種，車軸数，車両幅，積載高などを極めて短時間に判断して，カードや料金の授受を行わなければならず，多くの視覚情報を必要とする。このため十分な照明レベルが必要となる。

(7) 休憩施設

パーキングエリア，サービスエリア内の駐車場や，道路に隣接する駐車場においては，駐車場へ出入りする自動車および歩行者等の安全確保，ならびに給油所，食堂，トイレなどへのアプローチなどのため，その敷地内全体にわたって適切な照明が必要である。

また，一般道路に設置される道の駅等においては，駐車場やトイレなどがあり，必要に応じてそれらの施設および施設間を照明するのがよい。

なお，歩行者等の通行する部分においては4－4を準用するとよい。

(8) その他の場所

乗合自動車停留施設あるいはその他局部照明が必要な場所の照明を行う場合には，その利用目的に合致した照明のレベル，照明方式，光源，照明器具を選択することが望ましい。

4－6　局部照明の運用

局部照明は，交通の安全に配慮のうえ調光することができる。

【解　説】
　電力消費の軽減を図るため，減光，減灯の調光措置によって照明レベルを下げることができる。しかしながら，照明施設は，本来，交通安全施設として設置したものであり，調光にあたっては，道路状況，道路周辺状況，交通状況等を十分考慮のうえ，実施場所，調光の方法，明るさのレベル，実施時間帯等を慎重に決定する必要がある。なお，道路管理者の異なる局部照明あるいは連続照明が隣接する場合は，照明特性の連続性を考慮して調光の時間帯や明るさのレベル等を調整することが望ましい。

（1）調光の対象
　　調光は，歩道等，インターチェンジ，休憩施設，橋梁等の照明を対象とし，交通安全上の影響を与えると考えられる交差点，横断歩道，踏切の照明はその対象から除くこととする。なお，第3章の規定に準じて連続的に照明を設置している場所では，3－4に準じて調光を実施するのがよい。

（2）調光の方法
　　調光を間引き減灯によって行うと，輝度あるいは照度の均斉度が低下するので，調光を行う場合は減光によることが望ましい。ただし，休憩施設等のように，時間帯により自動車や歩行者等の交通量が著しく減少し，限られた範囲を利用する場所においては，利用されない範囲に限って減灯することができる。調光を採用する照明施設にあっては，あらかじめ調光方法に応じた配線，装置を設置しておく必要がある。

（3）調光の時間帯と明るさのレベル
　　夜間から深夜にかけて，時間の経過とともに自動車，歩行者等の交通量が減少し，走行条件が良好になるのが一般的と考えられる。したがって，調光にあたっては沿道に存在する光の程度や自動車，歩行者等の交通量を時間ごとに把握することが必要であり，これらの調査結果を勘案して，対象とする場所の目的に応じて調光する時間帯や明るさのレベルを決定するのがよい。

第4章　参考文献

1）大谷寛，安藤和彦，鹿野島秀行：道路照明による効果的な夜間事故削減対策の検討，照明学会全国大会，60, 2000.
2）国際照明委員会：Recommendations for the Lighting of Roads for Motor and Pedestrian Traffic, CIE Pub. No. 115-1995.
3）（財）日本規格協会：JIS Z 9111　道路照明基準，P. 7, 1988.

4）国土技術政策総合研究所：国総研資料第289号，交差点照明の照明要件に関する研究，2006.
5）建設省土木研究所：土木研究所資料第3668号，高機能道路照明に関する検討，P. 105, 1999.
6）林堅太郎，森望，安藤和彦：歩行者用照明の必要照度に関する研究，照明学会全国大会，119, 2002.
7）（社）照明学会：技術基準JIEC-006歩行者のための屋外公共照明基準，P. 4, 1994.
8）（財）国土技術研究センター：道路の移動円滑化整備ガイドライン，2003.

第5章　トンネル照明

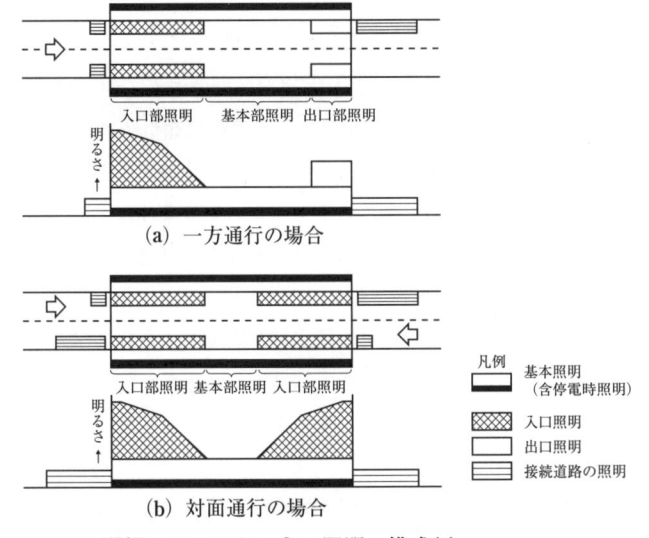

5－1　トンネル照明の構成

トンネル照明の構成は下記のとおりとする。
(1)　基本照明
(2)　入口部照明
(3)　出口部照明
(4)　特殊構造部の照明
(5)　停電時照明
(6)　接続道路の照明

【解　説】
トンネル照明の構成例（特殊構造部を除く）を図解5－1に示す。

図解5－1　トンネル照明の構成例

(1) 基本照明

　基本照明は，トンネルを走行する運転者が前方の障害物を安全な距離から視認するために必要な明るさを確保するための照明であり，図解 5 − 1 に示すようにトンネル全長にわたり，灯具を原則として一定間隔に配置する。基本照明のみの区間の照明を基本部照明という。

(2) 入口部照明

　入口部照明は，昼間，運転者がトンネルに接近する際に生じる急激な輝度の変化と，進入直後から起きる眼の順応の遅れを緩和するための照明であり，図解 5 − 1 に示すように基本照明と入口照明を加えたものをいう。

　なお，入口部照明は，図解 5 − 2 に示すように境界部，移行部，緩和部の 3 つの区間によって構成される。

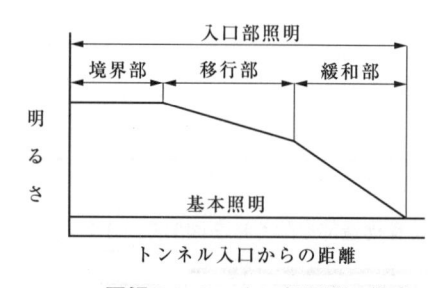

図解 5 − 2　入口部照明の構成

　入口照明は，人工照明のみによる方法が一般的であるが，自然光を利用する方法（自然光照明）もある。自然光照明はルーバまたは類似の構造を用いた遮光構造物によって自然光を直接的に制御して，入口照明や，連続するトンネルの坑口間の路面輝度を調節しようとするものである。トンネルの立地条件によっては，遮光構造物の形状や色などにより野外輝度を下げることができる。遮光構造物の構造は，下記の 2 種類に大別できる。

　① 不透明あるいは半透明部材を所定の間隔でトンネル入口天井部に配置する方式
　② 透光性材料を用いてトンネル入口部をシェルター状に覆う方式

　自然光照明は，主として下記に示すいずれかの条件に合致する場合に，その採否について検討するとよい。

　(イ) 野外輝度が高く，入口照明の所要路面輝度が高くなる場合
　(ロ) トンネル坑口部が掘割構造などルーバ等の架設に適した構造となっている場合

(ハ) 掘割構造道路などのように路面輝度の変化が大きい場合や連続するトンネルの坑口間距離が比較的短い場合

（3）**出口部照明**

　出口部照明は，昼間，出口付近の野外輝度が著しく高い場合に，出口の手前付近にある障害物や先行車の見え方を改善するための照明であり，図解5-1に示すように基本照明と出口照明を加えたものをいう。なお，出口照明にはルーバ等を用いて自然光を制御する方法もある。

（4）**特殊構造部の照明**

　トンネル内の分合流部，非常駐車帯，歩道部，避難通路に設置する照明をいう。

ⅰ）分合流部の照明

　分合流付近の状況を示し，分合流する自動車の存在を把握させるために設置する照明である。

ⅱ）非常駐車帯の照明

　本線を走行中の車両から非常駐車帯の位置が視認でき，本線車道から非常駐車帯に待避している車両の存在が確認できるように設置する照明である。

ⅲ）歩道部の照明

　歩道を有するトンネルの歩道部において歩行者等が安全に歩行できるように設置する照明である。

ⅳ）避難通路の照明

　非常時の避難や安全などを確保するために設置する照明である。

（5）**停電時照明**

　運転者がトンネル内を走行中に突然，停電になった場合に起こる危険な状態を防止するための照明で，基本照明の一部を兼用することができる。

（6）**接続道路の照明**

　夜間，入口部においてトンネル入口付近の幅員の変化を把握させるため，あるいは出口部においてトンネル内から出口に続く道路の状況を把握させるため設置する照明である。

5-2 照明方式の選定

> トンネル照明の照明方式は原則として対称照明方式とする。ただし，道路の構造や交通の状況などによっては，非対称照明方式を選定することができる。

【解　説】

　トンネル照明方式は，設計速度，交通方式，交通量，トンネル断面形状などを考慮して選定する。トンネル照明においては，路面輝度を確保するとともに壁面輝度も含めた視環境を考慮する必要があり，対称照明方式はそれらの要件に適し，総合的にバランスのとれた照明方式であることから，原則として対称照明方式を選定するものとした。ただし，道路の構造や交通の状況などによっては，非対称照明方式を選定することができる。

　なお，段階施工のトンネルにおいては，交通量，暫定供用期間，完成形への移行などを考慮する必要がある。

(1) **照明方式の概要**

　照明方式は灯具の道路縦断方向の配光により，対称照明方式と非対称照明方式に分類される。対称照明方式は，さらにその配置と道路横断方向の配光により，側壁配置形と天井配置形に分類される。非対称照明方式は，道路縦断方向の配光により，カウンタービーム照明方式とプロビーム照明方式に分類される。図解5-3に照明方式の分類を示す。

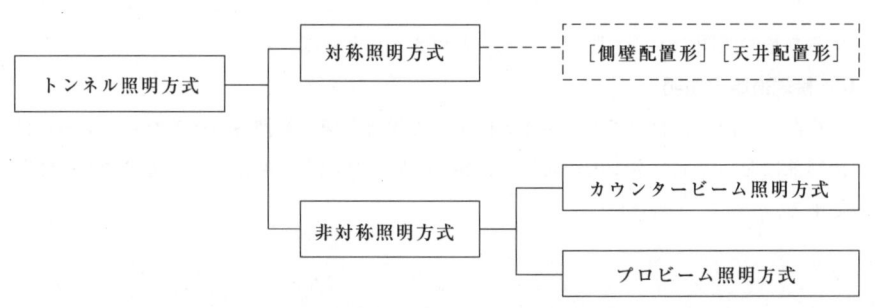

図解5-3　照明方式の分類

各照明方式の概要とその特徴は下記のとおりである。
1) 対称照明方式

　対称照明方式は，図解5－4 (a) に示すように灯具の配光が道路の縦断方向（道路軸方向）にほぼ対称であることが特徴であり，道路の横断方向の配光はその配置（取付位置）により，側壁配置形と天井配置形の2種類に分類され，灯具の配置に合わせて選定する必要がある。

2) 非対称照明方式

　非対称照明方式は，灯具の配光が道路の縦断方向に非対称であることが特徴である。非対称照明方式には交通方向（車両の進行方向）に対向する配光をもつカウンタービーム照明方式と，交通方向に配光をもつプロビーム照明方式とがあり，カウンタービーム照明方式は入口照明に，プロビーム照明方式は入口・出口照明に採用される。

(a) 対称照明方式

(b) カウンタービーム照明方式

(c) プロビーム照明方式

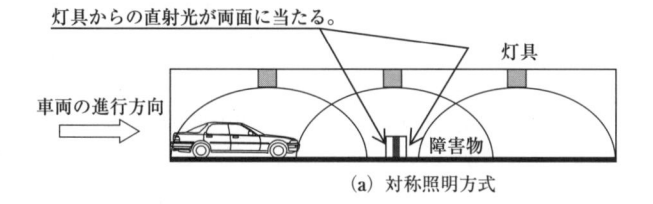

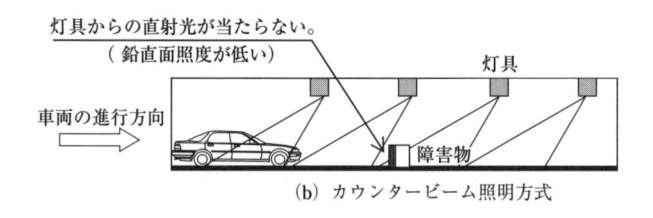

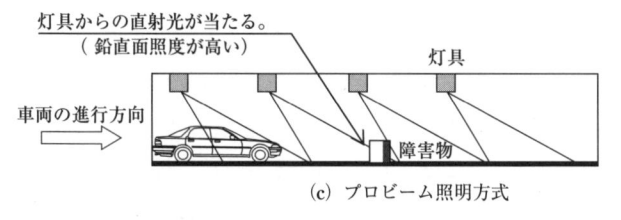

図解5－4　照明方式と灯具配光

ⅰ）カウンタービーム照明方式

　　カウンタービーム照明方式は，図解5－4（b）に示すように，灯具からの光を交通方向に対向させて照射する方式であり，本照明方式のコントラスト係数（路面輝度／鉛直面照度）は0.6以上と定義されている[1]。この配光によれば，図解5－4（b）に示すように，障害物の運転者側の面に灯具からの直射光が当らないため，障害物と路面との間に比較的高い輝度対比が得られる。

　　これによって路上の障害物が視認しやすくなり，種々の反射率の障害物に対して安定した視認性が得られる。このため「5－4　入口部・出口部照明　(2)　入口部照明各部の路面輝度と長さ」に規定するとおり，境界部の路面輝度を対称照明方式より低く設定することができる。また，「7－2照明設計　(2)　照明計算　(ロ)　平均照度換算係数」に示すように，配光特性上，平均照度換算係数が対称照明方式より小さくなる。この他，適度にグレアが抑制された灯具を採用することにより，トンネルに進入しようとする運転者は，入口部付近のトンネル内部の道路線形が把握しやすい。

　　しかしながら，本照明方式の配光特性上，先行車の背面（運転者側の面）の鉛直面照度が低下し，車両の形状等によってはその視認性が対称照明方式に比べて若干低下することがある。

ⅱ）プロビーム照明方式

　　プロビーム照明方式は，図解5－4（c）に示すように，灯具からの光を交通方向に照射する方式である。この配光によれば，先行車の背面（運転者側の面）の鉛直面照度を高めることができ，入口付近や出口付近等の先行車に対して安定した視認性が得られる。

（2）非対称照明方式を選定する際の適用条件および留意点

　　トンネル照明には原則として対称照明方式を用いるが，(1) 照明方式の概要に示したように，非対称照明方式の有する特徴を考慮し，道路の構造や交通の状況などによっては，主として入口・出口照明に非対称照明方式を選定することができる。非対称照明方式は，設計速度，交通量，主たる視対象物等をもとに検討するものとし，下記に示す適用条件および留意点に加え，保守性，施工性，経済性なども考慮して総合的に判断する必要がある。ここで，主たる視対象物とは，路上の障害物，および先行車をいう。なお，非対称照明方式の基本照明への適用にあたっては，安全性，経済性等について十分な検討を行い，総合的に判断する必要がある。

1) カウンタービーム照明方式

　カウンタービーム照明方式は，路上の障害物に対して安定した視認性を確保できることから，路上の障害物の視認性が重視されるトンネルでは，本照明方式を採用することができる[2]。

ⅰ) 交通量が比較的少なく路上の障害物の視認性が重視される設計速度50 km/h以上のトンネルの入口照明に本照明方式を適用できる。ただし，境界部の路面輝度が表5－2に示す設計速度60 km/hのL_1の1/2未満となる場合は，自然光の影響によって本照明方式の効果が得にくいことから本照明方式を適用できない。また，対面通行のトンネルで両坑口の入口照明区間が重複する延長のトンネルにも本照明方式は適用できない。

ⅱ) 交通量が比較的多く先行車の視認性が重視される設計速度が高い高速自動車国道等においては，先行車背面の鉛直面照度，壁面を含む視環境等を総合的に判断し，採否を決定する必要がある。

ⅲ) 自然光の射し込みが強いトンネルにおいては，本照明方式の効果が期待しにくいため，十分な検討が必要である。

2) プロビーム照明方式

　プロビーム照明方式は，運転者方向の鉛直面照度を高める方式で，先行車に対して安定した視認性が得られることから，設計速度が高い，交通量が多い，野外輝度が高い等，いずれかの条件が存在し，先行車の視認性が特に重視されるトンネルでは，本照明方式を採用することができる。

　なお，交通量が非常に多く渋滞等が予想される都市内の高速道路のトンネルで，先行車の視認性を向上させるため，基本照明に本照明方式が適用された例がある。

　また，出口部照明は，「5－4　入口部・出口部照明」に解説するとおり，その目的に照らしてプロビーム照明方式が適している。

5－3　基本照明

　基本照明の性能指標は，平均路面輝度，輝度均斉度，視機能低下グレア，誘導性とする。

(1) 平均路面輝度

トンネル内の平均路面輝度は，設計速度に応じて表5－1の値を標準とする。

表5－1　基本照明の平均路面輝度

設計速度(km/h)	平均路面輝度(cd/m^2)
100	9.0
80	4.5
70	3.2
60	2.3
50	1.9
40以下	1.5

（注）ここで用いる設計速度は，トンネル本体の設計速度が基本になるが，道路線形等の幾何構造のほか，交通の状況，最高速度の制限等の交通規制の状況などに応じて適宜定められた値をいう。

なお，交通量，トンネル延長に応じて，平均路面輝度は表5－1に示す値より低い値とすることができる。ただし，この場合においても0.7 cd/m^{2}未満であってはならない。

(2) 輝度均斉度

輝度均斉度は，総合均斉度0.4以上を原則とする。

(3) 視機能低下グレア

視機能低下グレアは，相対閾値増加15％以下を原則とする。

(4) 誘　導　性

適切な誘導性が得られるよう，灯具の高さ，配列，間隔等を決定するものとする。

【解　説】

(1) 平均路面輝度

1) トンネル内の基本照明は，その照明により自動車の運転者がトンネル内を安全，円滑に走行するため，障害物等をその走行速度に応じた視距で視認できることを目的とする。

排気ガスによって透過率が低くなると、見え方が低下して不快な環境になりやすいので、トンネル内の換気をできるだけ良好に保つことが大切であり、自動車の運転者が安全、円滑に走行できる透過率を維持することが必要である。表5－1は通常の換気状態にあるトンネル内において、煤煙が存在する状態のもとで決定したものであり、必要な平均路面輝度を設計速度別に示したものである。

このため、交通量が少なく透過率が高い場合には平均路面輝度を低減できることとした。すなわち、トンネル1本当たりの交通量が10,000台/日未満の場合は基本照明の平均路面輝度を表5－1の値の1/2まで低下させてもよい。ただし、昼間は、トンネル内を走行する運転者の眼の順応に、基本照明が少なからぬ影響を及ぼしているため、特に野外輝度が高い場合の輝度低減は慎重に行う必要がある。

昼間時にトンネル入口へ接近・進入する自動車の運転者の眼の順応には長い時間を要し、暗順応時間が長くなるとトンネル内の所要の平均路面輝度は低下することが明らかになっている[3],[4]。このため、トンネル内走行時間が135秒以上となるような延長を有するトンネル（設計速度が80 km/hの場合、約3,000 m以上に相当）については、トンネル入口からの走行時間が135秒以降の部分の平均路面輝度を表5－1の値の65 %（設計速度が80 km/hの場合、約3.0 cd/m²）まで低下させることができる[3]。

2）トンネルは、一般の道路と異なり閉鎖された構造であるため、トンネル内を走行する自動車の運転者の視野に占める壁面、天井面の輝度がトンネルの線形や障害物の識別など視覚情報の確保に大きな影響を与える。したがって、運転者がトンネル内を安全、円滑に走行するためには路面だけでなく、壁面、天井面も含めた明るさのバランスにも配慮した視環境とすることが望ましい。

ⅰ）壁面の明るさを適切に保つことにより、良好な視環境が実現でき、トンネル内における運転者の圧迫感の軽減に役立つ。

ⅱ）明るい壁面は運転者に視覚的誘導効果を与えるとともに、形状の大きい障害物に対してはその背景となる場合があり、その視認に寄与する。

ⅲ）運転者が自車の走行位置や先行車との距離を確認するためには、路面と壁面との境界が明瞭にわかることが重要である。

以上、三つの観点から、壁面輝度を設定することとし、トンネル内に存在が予想される危険な障害物の高さやトンネルの構造などを考慮して、壁面輝度は路上からの高さ1 m[5]までの範囲を対象とする。

内装が施される場合の壁面輝度は，路面輝度と同程度[6]とするのがよい。ただし，白色系の舗装で比較的路肩が狭く，壁面が障害物の背景となるような場合の壁面輝度は，障害物の視認性の観点から路面輝度の1.5倍とすることが望ましい[5]。内装が施されない場合にも壁面輝度は路面輝度の0.6倍以上[7]とすることが望ましい。

また，白色系の舗装で壁面輝度を路面輝度と同程度とする場合には，路面と壁面の境界が不明瞭となる傾向があるため，区画線および縁石等の立上り部分を明瞭に見せる等の対策を合わせて検討することが望ましい。

なお，広い路肩や広い歩道を有するトンネルのように，壁面が障害物の背景となりにくい場合の壁面輝度は別途検討する必要がある。

壁面の輝度均斉度については特に規定しないが，著しい輝度ムラは運転者に不快感を与えるため，輝度均斉度はできるだけ良好に保つ必要がある。

（2）輝度均斉度

路面の輝度均斉度は，特に平均路面輝度が低い場合，見え方に大きな影響を与えるので，できる限り良好に保つ必要がある。

総合均斉度および車線軸均斉度は，式（5.1）および式（5.2）により表される。

総合均斉度U_o。

$$U_o = \frac{L_{min}}{L_r} \quad \cdots\cdots\cdots\cdots\cdots\cdots\cdots\cdots\cdots\cdots\cdots\cdots\cdots\cdots\cdots\cdots\cdots\cdots\cdots (5.1)$$

ここに，L_{min}：対象範囲の最小部分輝度（cd/m²）

L_r：平均路面輝度（cd/m²）

車線軸均斉度U_ℓ

$$U_\ell = \frac{L_{min(\ell)}}{L_{max(\ell)}} \quad \cdots\cdots\cdots\cdots\cdots\cdots\cdots\cdots\cdots\cdots\cdots\cdots\cdots\cdots\cdots\cdots (5.2)$$

ここに，$L_{min(\ell)}$：車線中心線上の最小部分輝度（cd/m²）

$L_{max(\ell)}$：車線中心線上の最大部分輝度（cd/m²）

トンネル照明においては，障害物の視認性を確保するため，総合均斉度は0.4以上[7]を原則とした。なお，車線軸均斉度は運転者の視覚的な不快感を軽減するため0.6以上[7]とすることが望ましい。

ただし，一般国道等で設計速度60 km/h以下の場合に，交通量により平均路面輝度を低減しているトンネルでは，下記の理由により車線軸均斉度の推奨値は適用しなく

てもよい．
1）総合均斉度は，障害物の視認性を確保するために重要であり，平均路面輝度を低減しているトンネルにおいても0.4以上を原則としていること
2）車線軸均斉度は，運転者の視覚的な不快感を軽減するための要件であり，平均路面輝度を低減しているトンネルでは，車線軸均斉度の推奨値を適用すると灯具間隔が短くなる場合が多く，結果的に路面の平均輝度が高くなってしまう場合があること

（3）視機能低下グレア[8]

障害物の視認性は，視機能低下グレアとも関係があり，相対閾値増加が小さいほど運転者の視野内のグレアが少なく，障害物が視認しやすい状況となる．

トンネル照明における相対閾値増加は，国際照明委員会の推奨する値[7]およびこれまでに国内で採用実績のある灯具の配光特性を勘案し，15％以下を原則とした．

相対閾値増加 TI は，式（5.3）により表される．

$$TI = \frac{\Delta L_{\min}' - \Delta L_{\min}}{\Delta L_{\min}} \times 100 \quad (\%) \cdots\cdots(5.3)$$

ここに，$\Delta L_{\min}'$：グレア源（光源を含むグレアの原因となる輝度）がある場合に障害物を視認するために必要な障害物と背景路面との最小輝度差

$\Delta L_{\min}$：グレア源がない場合に障害物を視認するために必要な障害物と背景路面との最小輝度差

照明設計および性能の確認においては，実験的に求めた式（5.4）および式（5.5）を用いて相対閾値増加 TI を算出する．

$L_r \leqq 5 \text{ cd/m}^2$ の場合 $\quad TI = 65 \cdot \dfrac{L_v}{L_r^{0.8}} \quad$ （％）$\cdots\cdots$(5.4)

$L_r > 5 \text{ cd/m}^2$ の場合 $\quad TI = 95 \cdot \dfrac{L_v}{L_r^{1.05}} \quad$ （％）$\cdots\cdots$(5.5)

ここに，L_r：平均路面輝度（cd/m²）

L_v：運転者の視野内の灯具による等価光幕輝度（cd/m²）

等価光幕輝度 L_v は，グレア源から眼に入射する照度と視線とグレア源とのなす角度によって求まり，照度が高いほど，角度が小さいほど高くなる．

単一グレア源による等価光幕輝度 L_v は式（5.6）により表される．

$$L_v = 10 \cdot \frac{E_v}{\theta^2} \quad (\text{cd/m}^2) \quad \cdots\cdots\cdots\cdots\cdots\cdots\cdots\cdots\cdots\cdots\cdots\cdots\cdots (5.6)$$

ここに，E_v：視線と垂直な面における照度（lx）

θ：視線とグレア源のなす角度（°）

グレア源が複数存在する場合は，式（5.7）によって等価光幕輝度L_vを算出する。

$$L_v = 10 \cdot \sum_{i=1}^{n} \frac{E_{vi}}{\theta_i^2} \quad (\text{cd/m}^2) \quad \cdots\cdots\cdots\cdots\cdots\cdots\cdots\cdots\cdots\cdots (5.7)$$

ここに，E_{vi}：視線と垂直な面における照度（lx）

θ_i：視線とグレア源iのなす角度（°）

i：対象とする灯具台数

（4）誘導性

　第3章で詳述したように，誘導性には視覚的誘導効果と光学的誘導効果があり，視覚的誘導効果は性能指標である平均路面輝度と総合均斉度を満たすことにより基本的に確保できる。

　一方，光学的誘導効果は，単独で検討すべき誘導性の効果である。灯具を適切に配置することにより，優れた光学的誘導効果が得られるので，灯具の高さ，配列，間隔等が道路の線形を適切に示しているかどうかを検討する必要がある。特に交通量等の条件により路面輝度を低減する場合は，視覚的誘導効果が低下するおそれがあるので，これを補うためにも灯具による光学的誘導効果を考慮して灯具の配列を検討する必要がある。

　また，トンネル内に分合流部がある場合は，運転者が分合流部の存在を安全な距離手前から確認できるとともに，分合流に伴う車線の変化状況を把握しやすくするため，灯具の配列などによる光学的誘導効果を利用することが有効である。

　したがって，灯具の配置（高さ，配列，間隔）は，本節に示した規定を満足するとともに，良好な誘導性が得られるように検討する必要がある。

（5）灯具の配置

1）灯具の取付高さ

　　路面の輝度分布の均一性を出来るだけ良好に保つと同時に，灯具のグレアによる影響をできるだけ少なくするため，灯具の取付高さHは原則として4～5m程度以上とする。

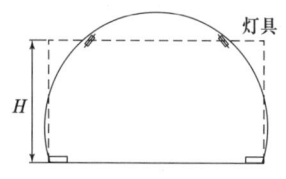

H：灯具の取付高さ

図解 5－5　灯具の取付高さ

2）灯具の配列

　灯具の配列には，図解 5－6 に示すように，向合せ配列，千鳥配列，中央配列，片側配列の 4 種類が用いられる．灯具の配列は各配列の特徴を考慮するとともに，トンネル断面形状，設計速度，交通量，運用のほか，付属設備や維持管理などを勘案のうえ選定するものとする．

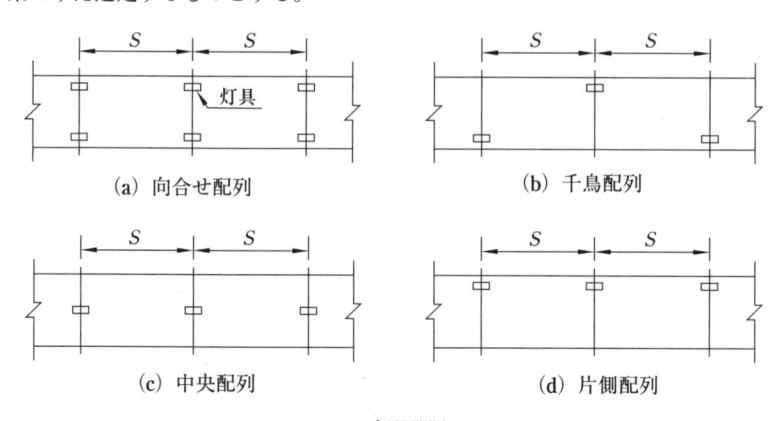

（a）向合せ配列　　　　（b）千鳥配列

（c）中央配列　　　　　（d）片側配列

S：灯具間隔

図解 5－6　灯具の配列

ⅰ）向合せ配列

　向合せ配列は，両側の壁面に灯具を向合せて配置するため，路面の輝度均斉度や誘導性が良好であり，平均路面輝度が高いトンネルで用いることが多い．

ⅱ）千鳥配列

　千鳥配列は，両側の壁面に灯具を千鳥に配置するため，路面や壁面の明るさが左右で若干異なるが，誘導性は比較的良好である．平均路面輝度が低いトンネルおよび交通量が少ないため平均路面輝度を低減するようなトンネルに用いることが多い．なお，千鳥配列で灯具の設置間隔が長くなると壁面の輝度均斉度が低下

し，運転者に不快感を与えるおそれがあるため注意する必要がある。

ⅲ）中央配列

中央配列は，灯具をトンネルのほぼ中央に設置するため，路面や壁面の明るさが左右対称になり誘導性も良好である。交通量が少なく，比較的断面の小さいトンネルに用いることが多い。ただし，中央配列の選定にあたっては維持管理に対しても十分な検討が必要である。

ⅳ）片側配列

片側配列は，片側の壁面に灯具を配置するため，平面線形が直線のトンネルでは，誘導性が良好である。なお，平面線形に曲線のあるトンネルでは，曲線の外縁に灯具を取付けるなど誘導性を考慮することが望ましい。

3）灯具間隔

灯具間隔 S は，路面の輝度均斉度とちらつきに影響を与えるので，その設定にあたっては下記の事項を考慮する必要がある。

トンネル内で起こるちらつきによる不快感は，自動車の走行速度と灯具の配光，取付角度とで生ずる明暗輝度比，明暗周波数，明暗時間率などが複合して生ずるものである。

明暗の輝度比，周波数，時間率などが，不快の程度にどのような影響を及ぼすかについては以下のような関係があり，既往研究[9],[10]によれば最も不快の程度に影響の大きい要因は，明暗輝度比であることが明らかにされている。

(イ) 明暗輝度比が小さいほど，ちらつきによる不快感が少ない。

(ロ) ちらつきによる不快感は，明暗の周波数が2.5 Hz以下または25 Hz以上の場合にはほとんど問題にならず，5～18 Hzの間で最大となる。

表解5-1 ちらつきによる不快感を少なくするための三つの要素の関係

明暗輝度比	避けるべき明暗の周波数(Hz)	避けるべき明暗時間率(%)
50	3.5～17	5～62
40	4.0～16	6～59
30	4.5～14.5	7～56
20	5.0～12.5	9～51
10	—	15～40

(注) 明暗輝度比＝（ちらつき光の明輝度）／（ちらつき光の暗輝度）
明暗時間率＝（ちらつき光の明時間）／（ちらつき光の暗時間）×100（%）

(ハ) 明暗時間率が25 %程度となる場合を中心にして，それより大きく，または小さくなるほど不快感は減少する。

ちらつきによる不快感を少なくするためには表解5－1に示す明暗輝度比，明暗の周波数，明暗時間率の関係を考慮することが望ましい。

灯具の間隔の設定にあたっては，表解5－1をもとにちらつきによる不快感を少なくするための検討を行い，これを避ける配列と灯具の間隔を設定することが望ましい。5～18 Hzのちらつきによる不快感を除くため，各設計速度に応じて避けるべき灯具の間隔を表解5－2に示す。

表解5－2　ちらつき防止のために避けるべき灯具間隔

設計速度(km/h)	灯具間隔(m)
100	1.5～5.6
80	1.2～4.4
70	1.1～3.9
60	0.9～3.3
50	0.8～2.8
40	0.6～2.2

ただし，明暗輝度比が10以下の場合は，表解5－2に制約されることなく，灯具間隔を設定できる。さらに，灯具を連続して取り付けるような場合や短いトンネルおよび入口照明区間では下記の理由によりちらつきを問題にしなくてもよい。

① 灯具を連続して取り付けるような場合には，明暗輝度比，明暗時間率が小さくなるので，これをあまり問題にしなくてもよい。

② ちらつきによる不快感は，ある程度の時間継続する場合に起こるので，走行時間が30秒以下の短いトンネル（設計速度が80 km/hの場合，約670 mに相当）や入口照明区間では問題にする必要はない。

5－4　入口部・出口部照明

(1) 入口部照明の設置

全長50 m以上のトンネルにおいては，境界部，移行部および緩和部からなる入口部照明をトンネル入口部に設けることを原則とする。

入口部照明は，トンネルの設計速度，野外輝度，接続道路およびトンネル入口部の線形を考慮して設計するものとする。

(2) 入口部照明各部の路面輝度と長さ

入口部照明各部の路面輝度および長さは，野外輝度が3,300 cd/m^{2}の場合，設計速度に応じて表5－2を標準とする。なお，路面輝度は，交通量，照明方式あるいは連続するトンネルの坑口間距離に応じて表5－2より低い値とすることができる。

表5－2 入口部照明（野外輝度3,300 cd/m^{2}の場合）

設計速度	路面輝度(cd/m^2)			長さ(m)			
(km/h)	L_1	L_2	L_3	ℓ_1	ℓ_2	ℓ_3	ℓ_4
100	95	47	9.0	55	150	135	340
80	83	46	4.5	40	100	150	290
70	70	40	3.2	30	80	140	250
60	58	35	2.3	25	65	130	220
50	41	26	1.9	20	50	105	175
40	29	20	1.5	15	30	85	130

（注）1）L_1は境界部，L_2は移行部終点，L_3は緩和部終点（基本照明）の路面輝度，ℓ_1は境界部，ℓ_2は移行部，ℓ_3は緩和部，ℓ_4は入口部照明の長さ（$\ell_1+\ell_2+\ell_3$）

2）野外輝度が本表と異なる場合の路面輝度L_1，L_2は野外輝度に比例して設定するものとする。緩和部の長さℓ_3は次式により算出する。

$$\ell_3 = (\log_{10}L_2 - \log_{10}L_3)\cdot\frac{V}{0.55} \quad (m)$$

ただし，Vは設計速度（km/h）

3）通常のトンネルでは，自然光の入射を考慮してトンネル入口より概ね10 mの地点より人工照明を開始する。

4）対面交通の場合は，両入口それぞれについて本表を適用する。短いトンネルで両入口の入口部照明区間が重なる場合は，路面輝度の高い方の値を採用するものとする。

(3) 入口部照明の灯具配置

入口部照明の灯具配置は基本照明に準ずるものとする。

(4) 出口部照明

出口部には，設計速度，トンネル延長，出口付近の野外輝度を考慮して必要に応じて照明施設を設けるのがよい。

【解　説】
(1) 入口部照明の設置

トンネルでは，通常，入口から約10 m，出口から約40 mの区間，それぞれ自然光の射し込みによりトンネル内の路面の明るさが確保されるため，入口部照明は，原則として延長が50 m以上のトンネルに設置するものとする。なお，延長が50 m未満のトンネルにあっても，トンネルの線形等により見通しが悪く，入口部と出口部からの自然光の射し込みが期待できない場合は，入口部照明を設置するものとする。

(2) 入口部照明各部の路面輝度と長さ

表5-2は，入口部照明の各部の路面輝度と長さの標準値を示したものである。図解5-7に入口部照明の構成例を示す。

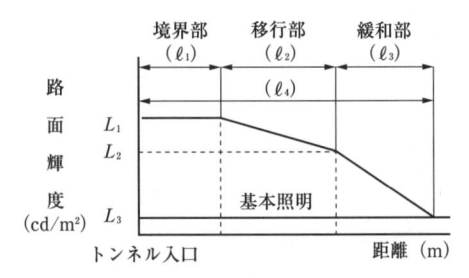

L_1：境界部の路面輝度（cd/m²）　　ℓ_1：境界部の長さ（m）
L_2：移行部最終点の路面輝度（cd/m²）　ℓ_2：移行部の長さ（m）
L_3：基本照明の平均路面輝度（cd/m²）　ℓ_3：緩和部の長さ（m）
　　　　　　　　　　　　　　　　　　ℓ_4：入口部照明の長さ（m）

図解5-7　入口部照明の構成例

1) 各部の路面輝度と長さ

ⅰ) 境界部

図解5-8において，トンネルの入口から視距だけ離れた地点P_1から，運転者がトンネル入口にある障害物を識別できるような背景を作ることが，境界部の目

的である。

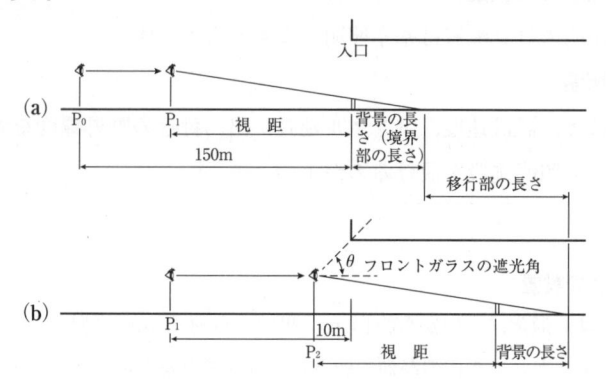

図解 5－8 境界部, 移行部の長さ

境界部の路面輝度は, 運転者の眼の順応輝度に応じ, 一定の視認性が確保されるよう決定される。トンネルに接近しつつある運転者の眼の順応輝度は, 既往の研究[11]により, 昼間, トンネルより手前の区間においては中心窩順応輝度（視線中心の視角約2度の部分の順応輝度）よりも等価光幕輝度の影響が支配的であることが明らかにされている。また, 運転者の眼の順応輝度は, トンネル坑口からの距離によって図解 5－9 のように変化する（図は, 坑口から手前100 m 地点の順応輝度によって正規化したもの）[11]。順応輝度が図解 5－9 のようにトンネルに接近するにつれて漸次低下するのは, 運転者がトンネルを注視したためではなく, 空などの高輝度部分の影響が小さくなったためである。

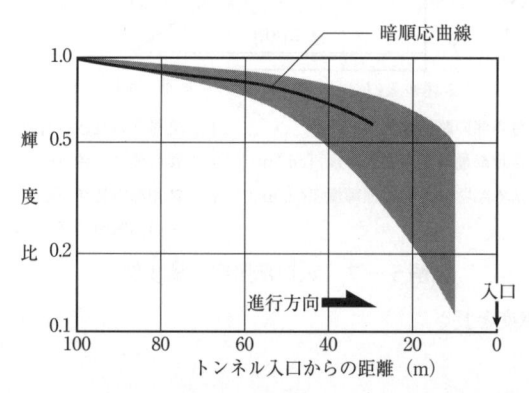

図解 5－9 トンネル坑口における運転者の眼の順応輝度の変化[11]

また，運転者の眼の順応輝度と野外輝度との間には，既往の研究において図解5－10に示すような一定の関係があることが明らかにされている[11]。このため本基準では，運転者の眼の順応輝度に比べて計算および測定が容易にできる野外輝度を用いることとした。順応輝度はトンネル坑口からの距離100 m以遠ではほぼ一定となること[11]，野外の輝度が入口手前150 mの地点で設定されてきたこと[12]から，本基準においても150 mの地点（図解5－8（a）P_0点）の野外輝度をもとに境界部の輝度を設定することとした。

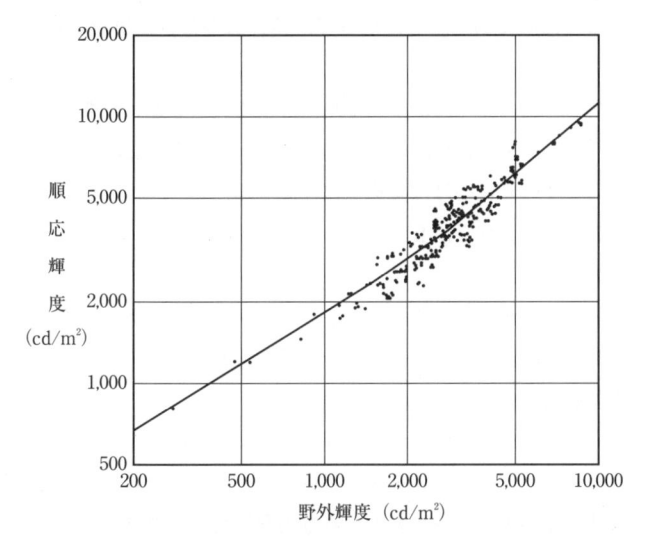

図解5－10　運転者の眼の順応輝度と野外輝度との関係
（参考文献11）を一部加筆修正）

　境界部の長さは図解5－8に示す障害物の背景の長さに等しく，これは障害物の大きさ，設計速度に対する視距，運転者の眼の高さなどによって決まる。

ⅱ）移行部

　移行部の目的は，自動車が図解5－8（a）のP_1の位置からさらにトンネル入口に近づき，トンネルに進入するまでの間に必要な背景を作ることにある。この場合にも障害物は，設計速度に対する視距が得られる地点より前方から絶えず識別できなければならない。図解5－9に示したように運転者がトンネルに近づくにつれて運転者の眼の順応輝度が低下するので，障害物を識別するために必要な路面輝度は，トンネル入口手前の視距相当の地点P_1において必要な値よりも低下

させることができる。

　この関係は，運転者がトンネル直前に達して全視野がトンネル開口部の暗い部分で覆われるようになるP_2点まで続く。現在の一般乗用車のフロントガラスの上端の遮光角は，視線に対して20°程度であり，自動車がトンネル入口より約10m手前の位置に達するとフロントガラス内の視野は，すべてトンネル開口部で占められるようになり，視覚的にトンネルに進入した状態となる。図解5－8（b）でP_2すなわちトンネル入口より10m手前の地点を移行部の長さを決める最終点としたのはこのためである。したがって，移行部の長さは視距より10mを減じた値となっている。

　ただし，順応輝度の変化にはトンネルによって大きな違いがあるが，図解5－9に示すように，従来の移行部の設定における根拠となった暗順応曲線は，図解5－9の順応輝度の変化のほぼ平均値に位置するため[11]，移行部の輝度については本基準においてもこれを踏襲することとした。

ⅲ）緩和部

　自動車が図解5－8のP_2の位置よりさらにトンネル内に進入すると，運転者の眼の順応輝度は急激に低下し始める。この順応輝度の低下に対応して必要な路面輝度は，暗順応曲線にしたがう。

　したがって，緩和部の路面輝度は移行部終点の路面輝度から基本部の平均路面輝度まで接続すればよい。表5－2の（注）2）に示した式は，順応曲線から各設計速度に対する緩和部の長さを求める方法を示したものである。ここで，緩和部の長さは一の位を切り上げて5m単位で設定するものとする。

2）野外輝度の設定

　野外輝度は，トンネル入口手前150mの地点，路上1.5mからトンネル坑口を見たときの，トンネル坑口を中心とした視角20度の円形視野内の平均輝度であり，トンネル坑口の方位，地形および地物などを考慮して設定する（図解5－11参照）。なお，野外輝度の測定高さ（1.5m）は，小型車および大型車運転者の視線高さを考慮したものである。

　「野外輝度」は"視角20度の視野"を対象としたものであり"全視野"を対象とした，「野外の輝度」とは異なる。実態調査の結果，野外の輝度3,000 cd/m^{2}として設計されたトンネルの野外輝度が平均的に2,500 cd/m^{2}であることが明らかになっ

た（付録4参照）。この関係をもとに，従来，入口照明の路面輝度の標準の値を示していた野外の輝度4,000 cd/m²の条件に相当する野外輝度3,300 cd/m²を標準とすることとした。

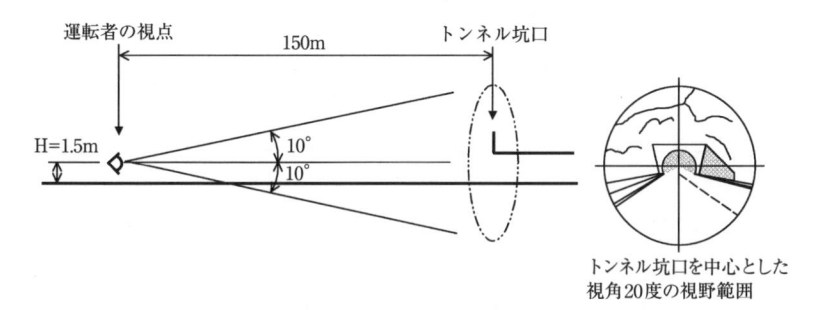

図解5－11　野外輝度

野外輝度の設定にはⅰ）計算による方法，ⅱ）表からの選択による方法，ⅲ）現地測定による方法の三つがある。

野外輝度は，図解5－11に示すようなトンネル坑口付近が完成した状態において，直接，ⅲ）現地測定を行うことが望ましい。しかし，野外輝度は，トンネルの坑門，接続道路の舗装などが完成する以前に設定する必要がある場合が多く，トンネル照明施設の改修などを除き，現地測定が可能なケースは少ないと予想される。一方，ⅱ）表からの選択による方法は，トンネル坑口付近の状況に関するデータが少ない段階で採用されるもので，設計上の目安と位置づけられる簡便法である。これらに比べ，ⅰ）計算による方法は，実用上必要な精度を有することが実態調査により確認されている。

以上のことから，野外輝度の設定はⅰ）計算による方法を原則とすることとした。

ⅰ）計算による方法

この方法は，式(5.8)に示すように，野外輝度を構成する視角20度の円形視野内の天空や地物の面積比にそれぞれの部分輝度を乗じたうえ，それらを加算することによって，野外輝度L_{20}（cd/m²）を算出する[1]。

$$L_{20} = A_s \cdot L_s + A_r \cdot L_r + A_e \cdot L_e + A_h \cdot L_h \quad (\text{cd/m}^2) \quad \cdots\cdots\cdots(5.8)$$

ただし，L_s：天空輝度（cd/m²）　　　A_s：天空の面積比
　　　　L_r：路面輝度（cd/m²）　　　A_r：路面の面積比
　　　　L_e：坑口周辺の輝度（cd/m²）　A_e：坑口周辺の面積比

L_h：トンネル内空の輝度（cd/m²）　A_h：トンネル内空の面積比

$A_s + A_r + A_e + A_h = 1$

なお，野外輝度の視野内にはトンネル坑口が含まれるため，トンネル内空の面積比を加えたものが1となるが，トンネル内空の輝度 L_h が相対的に低いため，第4項の L_h はゼロとして計算するものとする。

また，式（5.8）を用いて算出した野外輝度は，十の位を四捨五入して設定するものとする。たとえば，計算値が2,535 cd/m²となった場合は，2,500 cd/m²となる。

(イ) 部分輝度

野外輝度の計算に用いる部分輝度は，表解5－3の値を用いるとよい。なお，部分輝度を現地測定から求めた場合には，表解5－3によらず，その結果を用いることができる。

表解5－3　部分輝度

坑口方位	天空輝度 L_s (cd/m²)	路面輝度 L_r (cd/m²)	坑口周辺の輝度 L_e (cd/m²)			
			擁壁	樹木	建物	草
北	13,000	4,000	2,000	1,500	2,000	2,000
東・西	8,000	3,500	2,000	1,500	3,000	2,000
南	7,000	3,000	3,000	2,000	4,000	2,000

注1）坑口方位は坑口が向く方向を示し，交通方向はこれとは逆方向となる。

注2）坑口の方位が，北東・北西・南東・南西の場合は，表解5－3の各坑口方位に対応した部分輝度の平均値を用いるのがよい。

注3）部分輝度は，積雪時を考慮しないものとする。

(ロ) 面積比

視角20度の円形視野内にある天空や地物などの面積比を求めるためには，視角20度の範囲を特定する必要がある。その方法には，a）完成予想図から求める方法，b）写真から求める方法の二つがある。

a）完成予想図から求める方法

トンネル坑口付近の完成予想図を用いる場合には，その図に坑口を中心とした視角20度の円を描いてその範囲を求めるものとする。

b）写真から求める方法

坑口が完成状態にあるトンネルにおいて，写真から視角20度の範囲を求める場合，トンネル入口150 m手前の距離から，視角20度の範囲が得られる写真を用い，トンネル坑口の中心を基準として視角20度の円を描く。

以上，a）またはb）の方法により求めた坑口を中心とした20度視野の範囲において，天空，路面，坑口周辺の地物（擁壁，樹木，建物，草）の面積比を求める。

(ハ) 野外輝度

(イ)で求めた部分輝度と(ロ)で求めた地物の面積比を，式（5.8）に代入することにより野外輝度を求める。

ⅱ) 表からの選択による方法

トンネル坑口付近の状況に関するデータが少ない段階では，野外輝度（視角20度）の円形視野内に占める天空の面積比A_sに応じ，表解5－4をもとに野外輝度を設定するとよい。

天空の面積比A_sは，前記ⅰ）計算による方法を参照するものとする。

なお，20度視野に占める天空の面積比A_s（0.05以上）に対する野外輝度は，国際照明委員会：Guide for the Lighting of Road Tunnels and Underpasses, CIE Pub. No. 88-1990[1]）を参考に設定した。

表解5－4　表からの選択による野外輝度

20度視野に占める天空の面積比A_sに対する野外輝度				
面積比	$A_s<0.05$	$0.05≦A_s<0.15$	$0.15≦A_s<0.25$	$0.25≦A_s$
野外輝度(cd/m²)	2,500	3,300	4,200	5,000

ⅲ) 現地測定による方法

トンネル坑口付近が完成した状態において，野外輝度を直接測定できる場合はこの方法によることが望ましい。特に，年間の野外輝度が連続して測定できる場合は，そのデータを用いて年間の累積出現時間頻度95 %に相当する野外輝度を直接的に求め，これを設計に用いる野外輝度とする。

過去に行われた実態調査により，6～8月の晴天日の南中時の野外輝度が，年間の累積出現時間頻度95 %に近似することが明らかにされており[13]，短期間の測定による場合はこの日時に測定を行うことが望ましい。

3）入口部照明の路面輝度と長さの適用上の注意点

境界部，移行部，緩和部の路面輝度と長さの標準値は，各種の実験で確認して決定したものであり，その適用について注意すべき点は次のとおりである。

ⅰ）入口部照明の所要輝度は，トンネル入口付近の野外輝度にほぼ比例して増減する。表5－2の値は，野外輝度3,300 cd/m^{2}の場合を示す。この野外輝度の値は，従来の野外の輝度4,000 cd/m^{2}に相当する（詳細は「（2）の2）野外輝度の設定」を参照）。野外輝度はトンネル入口付近の地形等により異なるので，それらの条件に応じて設定する。

ⅱ）入口付近における自然光の射し込みは照度としては比較的高いが，トンネルに近づくにしたがって入射角が深くなり，運転者の方向への反射光による輝度成分は少なくなる。したがって，自然光と人工照明が同じ照度値であってもこれらによる運転者の方向への輝度は全く異なるので，入口照明の設計を自然光と人工照明との算術的合計で行うことはできない。現在までの実施例では，自然光の射し込みによって有効な輝度を生ずるのはトンネル入口より10 m前後の長さであるので，入口から内部10 mの地点から表5－2に示す入口照明の路面輝度を人工照明により設定する。したがって，入口部照明のうち表5－2に示す境界部の長さから10 mを差し引いたものが人工照明を設置すべき区間である。

ⅲ）入口照明は運転者の眼の順応現象に対して所要の視認性を確保するために設置されるものであるが，設計速度80 km/h未満の交通量が少ないトンネルにおいて，道路の状況や交通の状況を総合的に勘案して交通安全上支障がなければ，路面輝度を表5－2の値の1/2を下限として低減できる。

ⅳ）入口部照明の壁面輝度は，「5－3 基本照明 (1) 平均路面輝度」に述した壁面輝度に準ずるものとする。

ⅴ）入口部照明にカウンタービーム照明方式を採用する場合，境界部の路面輝度を20 ％低減することができる[1, 2]。ただし，境界部の路面輝度が表5－2に示す設計速度60 km/hのL_1の1/2未満となる場合は，自然光の影響によって本照明方式の効果が得にくいことから適用できない。移行部，緩和部は表5－2（注）2）に準ずる。なお，本照明方式を採用する場合の相対閾値増加は15 ％以下[7]を目安とする。

ⅵ）入口部照明にプロビーム照明方式を採用する場合，表5－2の路面輝度，および表解5－5に示す鉛直面照度（路上高さ0.7 m）を確保するものとし，設置区

間の延長は設計速度（km/h）と同値（m），開始地点は坑口とする[14]。

表解5－5 所要鉛直面照度（野外輝度3,300 cd/m²）

設計速度（km/h）	60	70	80	100
鉛直面照度　（lx）	1,200	1,400	1,600	1,900
区間の延長　（m）	60	70	80	100

ⅶ）トンネルに進入する前に出口部が見えるような短いトンネルにおいても，トンネルに進入する運転者の眼の順応輝度は，図解5－9とほぼ一致し，出口部の高輝度の影響は少ないことが明らかになったため[11]，短いトンネルでの輝度の増加は行わないこととした。なお，トンネル延長が短く，トンネル出口より手前40 mの区間内に入口部照明が及ぶ場合は，トンネル出口より40 mの地点まで入口部照明を設置するものとする。

ⅷ）植樹，日除け，ルーバなどにより，入口部の明暗の急変を緩和することが期待できることから，これらの採用についても検討するのがよい。

4）連続するトンネルの入口部照明[15]

二つのトンネルが連続して存在する場合，この間の野外輝度は図解5－12に示すように先行トンネルの出口に近づくとともに上昇し，出口で最大となった後，後続トンネルの入口に接近するとともに徐々に低下する。

坑口間距離が設計速度に対応した視距よりも短い場合には，先行トンネルの出口における野外輝度が，単独で存在するトンネルにおける視距に相当する地点の野外輝度よりも低くなるため，その比だけ後続トンネルの入口部照明の路面輝度を低減することができる。

ⅰ）野外輝度

後続トンネルの野外輝度は，先行トンネルの存在しない状態，すなわち後続トンネルが単独で存在する状態を想定して求める。

ⅱ）境界部の路面輝度

後続トンネルの野外輝度は，図解5－12に示すように，先行トンネルの出口での野外輝度が最大となり，視距手前の地点から求める先行トンネルが存在しない状態での野外輝度より低くなる。

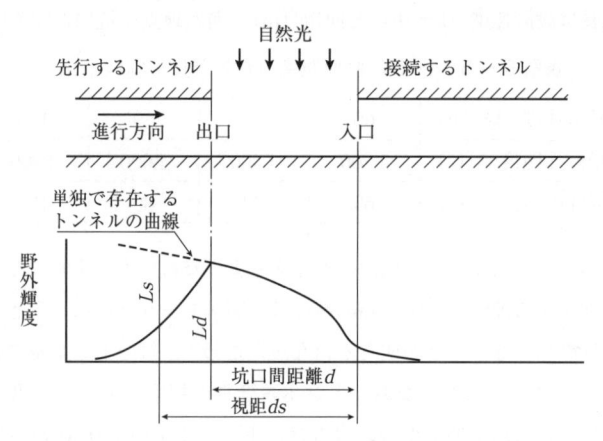

図解 5−12　坑口間における野外輝度の変化

境界部の路面輝度L_1'は，単独で存在するトンネルの境界部の路面輝度L_1と表解 5−6 に示す坑口間距離に対応した入口部照明の低減係数f_1から式（5.9）により算出する。

$$L_1' = f_1 \cdot L_1 \quad (\text{cd/m}^2) \cdots\cdots\cdots\cdots\cdots\cdots\cdots\cdots\cdots (5.9)$$

表解 5−6　後続トンネルの入口部照明の低減係数f_1

坑口間距離 d(m)	設計速度　V(km/h)					
	100	80	70	60	50	40
$d \leqq 10$	0.30	0.35	0.35	0.40	0.40	0.45
$10 < d \leqq 15$	0.40	0.45	0.50	0.50	0.55	0.60
$15 < d \leqq 20$	0.50	0.55	0.55	0.60	0.65	0.75
$20 < d \leqq 35$	0.60	0.70	0.75	0.75	0.85	0.95
$35 < d \leqq 50$	0.70	0.80	0.85	0.90	1.00	1.00
$50 < d \leqq 70$	0.80	0.90	1.00	1.00		
$70 < d \leqq 100$	0.90	1.00				
$100 < d$	1.00					

ⅲ) 入口部照明各部の路面輝度と長さ

後続トンネルの入口部照明各部の路面輝度と長さは，表5−2（注）2）により設定する。したがって，移行部および緩和部の路面輝度の低減係数もf_1となる。

（3）入口部照明の灯具配置

入口部照明の灯具配置は，「5－3基本照明」に準ずるものとする。なお，平面線形に曲線のあるトンネルにおいて片側配列を採用する場合は，曲線の外縁に灯具を取り付けるなど誘導性を考慮することが望ましい。

（4）出口部照明

1) 昼間，運転者がトンネル内を走行して，トンネル出口に近づくと出口開口部が非常に明るく見え，入口とは逆に"白い穴"に見えるような現象が生ずる。交通量が多くなり，車間距離が短くなると，大きな自動車の背後に追従する自動車や障害物の見え方が低下するので，これを補うために先行車の背面を明るくするための照明を必要に応じてトンネル出口部に設けるのがよい。

2) 次の条件が重なるようなとき，またはその他特に必要と考えられる場合は出口部照明を設けるのがよい。

　(イ)　トンネルの設計速度が80 km/h以上

　(ロ)　トンネル出口付近の野外輝度が5,000 cd/m^{2}以上

　(ハ)　トンネル延長が400 m以上

3) 出口部照明の路上高さ0.7 mの鉛直面照度[16]は，トンネル内から見たトンネル出口付近の野外輝度の12 %の値，すなわち野外輝度が5,000 cd/m^{2}ならば，鉛直面照度は600 lxとする。ここで，先行車の背面を明るくし，その視認性を改善するため，照明レベルを鉛直面照度で示した。また，照明区間は，種々の車頭間隔の検討により80 m前後の長さがあれば十分である。

4) トンネルの出口区間が上り勾配の場合，トンネル内から見た出口部は高輝度の天空となることがある。このような条件では太陽光がトンネル内部まで射し込みやすいため，設計速度60 km/h以下のトンネルにおいても必要に応じて出口部照明の設置を検討するとよい。

5) 出口の平面線形に起因して，視距に相当する距離手前の地点からトンネル出口が見通せない場合は，路面や壁面が徐々に明るくなることから，出口部における上記の問題が発生する可能性が低い。また，植樹，日除け，ルーバなどにより，出口部の野外輝度の低減を図ったり，太陽光の射し込みを防止するのがよい。

5-5 特殊構造部の照明

　特殊構造部の照明は，それぞれの目的を考慮し下記のとおり設けるものとする。
(1) 分合流部の照明
　　分合流部には，その位置と道路線形を視認するため，照明施設を設けるものとする。
(2) 非常駐車帯の照明
　　非常駐車帯には，その位置が視認でき，かつ一時的に待避している車両の存在を走行中の車両から確認するため，照明施設を設けるものとする。
(3) 歩道部の照明
　　歩道を有するトンネルの歩道部には，歩行者等の安全を確保するため，必要に応じて照明施設を設けるのがよい。
(4) 避難通路の照明
　　避難通路には，非常時の避難や安全などを確保するために照明施設を設けるものとする。

【解　説】
(1) 分合流部の照明
　分合流部には，走行する自動車の運転者が車道前方の分合流部の道路線形を安全な距離から視認でき，分合流部で生じる交通流の変化に対応して安全に対処できるような照明施設を設けるものとする。
分合流部の照明は，下記に示す点が重要である。
　(イ) 明るさを増加することによる位置の明示
　(ロ) 光学的誘導効果を考慮して灯具を適切に配置
　分合流部の照明は，交通量に応じて，基本照明の平均路面輝度の1.5倍から2倍とすることが望ましく，その照明範囲は原則としてノーズの先端から車道部のテーパーの終端までとするのがよい。

（2）非常駐車帯の照明

　　非常駐車帯には，その位置がわかり，かつ一時的に待避している車両の存在を走行中の車両から確認できるよう，照明施設を設けるものとする。

　　非常駐車帯の照明は，その設置目的から，遠方からその存在が良くわからなければならないので，下記に示す点が重要である。

　　(イ)　明るさを増加することによる位置の明示
　　(ロ)　灯具の配置や光源の光色を変えることによる位置の明示

　　非常駐車帯は，トンネル内で故障などを起こした車両が一時的に待避する場所であることから，その位置の視認ができ，かつ一時的に待避している車両の存在を走行中の車両から確認するため，夜間減灯時においても基本照明と併せて平均路面照度50lx以上[17]を保つように照明施設を設置することが望ましい。

　　なお，本線の設計照度が高く，非常駐車帯の照度よりも本線照度の方が明るくなるような場合には，非常駐車帯の照度は本線の照度と同等以上とすることが望ましい。

　　また，一時的に待避している車両等の見え方を考慮し，演色性の良い光源を選定するのがよい。

（3）歩道部の照明

　　歩道を有するトンネルの歩道部には，歩行者等の安全を確保するため，夜間減灯時においても平均路面照度5lx以上[18]の明るさを確保するよう照明施設を設けるのがよい。

　　歩道部の明るさは，歩行者等がトンネル内を安全かつ安心して通行できるよう，歩道上の障害物や路面の見やすさおよび他の歩行者の見やすさを考慮して設定したものである。

　　なお，夜間減灯時においても，トンネル照明のみで所要の照度を満足する場合は，歩道部専用の照明施設を設置しなくてもよい。

（4）避難通路の照明

　　避難通路には，非常時の避難や安全などを確保するために照明施設を設けるものとする。

　　避難通路には，避難坑および避難連絡坑があり，非常時の避難はもとより，トンネルの維持管理を行う場合の通路としても使用されることから，維持管理のために必要な明るさを考慮し，停電時にも通常の電源設備以外の電源により点灯を維持することが必要である。

　　なお，避難通路の明るさについては，「道路トンネル非常用施設設置基準・同解説

((社) 日本道路協会)[19]」によるものとする。

5-6 停電時照明

> 停電時照明は，停電時における危険防止のため，必要に応じて設けるのがよく，基本照明の一部を兼用することができる。

【解　説】

　トンネル内で突然，停電に遭遇すると，運転者は視認性の低下とともに心理的動揺をきたし，事故を起こすおそれがある。このため，停電直後から通常の電源設備以外の電源によって照明する停電時照明を必要に応じて設けるのがよい。この場合，基本照明の一部を兼用し，停電時照明とすることができる。

　停電時照明の灯具は，壁面上部等に等間隔で配置し，トンネルの壁面の位置および道路線形を明示することにより誘導性が得られることが望ましい。

　一般に，延長200 m未満の直線に近いトンネルでは，出口がよく見通せ，停電の場合でも比較的容易に通過できることから，停電時照明を設置しなくてもよい。ただし，屈曲し出口の見えないようなトンネルでは，200 m未満の短いトンネルであっても，停電時照明を設置することが望ましい。

　停電時照明には次のような方式があり，採用にあたってはトンネル照明施設以外の付帯設備との関係もあるため，非常時の運用および経済性や保守性を考慮して選定するものとする。

　1) 無停電電源装置によって電源供給する方式

　　　この方式には次の二つがある。

　　 i) 受配電盤を設置した場所に蓄電池を設置し，インバータによって変換した交流電源をトンネル内の一部の灯具に供給して，停電時，自動的に点灯させる。

　　 ii) トンネル内の一部の灯具にそれぞれ蓄電池とインバータを内蔵させ，停電時に自動的に点灯させる。

　　　いずれも，無停電電源装置により照明する場合の照明レベルは，基本照明の概ね1/8以上の明るさを確保することが望ましい。

　2) 予備発電設備によって電源供給する方式

　　　予備発電設備（自家発電設備）により電源供給する場合の照明レベルは，基本照

明の概ね1/4以上の明るさを確保することが望ましい。

なお，停電後に予備発電設備が正規電圧を発生するまでの間は，1）の無停電電源装置によって電源供給する方式によるものとする。

5－7 接続道路の照明

> 接続道路の照明は，夜間において，トンネル出入口付近の幅員構成や道路線形の変化などを明示するため，必要に応じて設けるのがよい。

【解　説】

夜間，トンネルだけに照明があり，これに接続する道路に照明がない場合，トンネル入口付近の道路幅員や道路線形の変化がわかりにくくなるおそれがある。このため，トンネル入口付近にはトンネル入口を明示するような照明が必要である。また，自動車が明るいトンネル内を走行し，トンネル出口にさしかかったとき，トンネル出口に続く接続道路に照明施設がないと，トンネル出口が暗い穴に見え，接続道路の線形や障害物の存在などがわからなくなる可能性がある。したがって，トンネル出入口に続く接続道路には，必要に応じて照明施設を設けるのがよい（写真解5－1参照）。

写真解 5－1　接続道路の照明

なお，トンネル出口付近の道路の線形が急激に変化しているときには，単に路面を明るくするだけでなく，灯具の配置に十分な注意を払い，照明施設の光学的誘導効果によって道路の線形が予知できるようにする必要がある。

5－8 トンネル照明の運用

> トンネル照明は，交通の安全に配慮のうえ，効率的かつ経済的に運用するものとする。

【解　説】

　トンネル照明は，野外の明るさと交通量，および照明施設の目的に応じて合理的に運用するものとし，具体的には路面輝度を制御することによってこれを行う。

　路面輝度の調光は，当該トンネルおよびその周辺の状況，交通量および安全性などを十分考慮のうえ，明るさや時間帯などを慎重に決定して実施する必要がある。あくまで照明施設の効率的かつ経済的な運用を図るために行うものであって，交通の安全性を低下させるようなことがあってはならない。

（1）基本照明

　夜間において交通量が減少し，トンネル内視環境が改善される場合は，基本照明の路面輝度を状況に応じて低減することができる。基本照明は，夜間は表5－1に示す値の1/2，深夜は1/4程度に調光することを基本とし，照明レベルに応じて調光の段階を設定する。ただし，夜間の交通量が多く，煤煙透過率が低くなるおそれがある場合には慎重に検討するものとする。いずれの場合においても路面輝度は0.7 cd/m^2 未満としてはならない。

　照明の調光は，減光によることが望ましいが，止むを得ず減灯による調光を行うトンネルであっても，路面輝度の総合均斉度U_oはできるだけ高く維持することが望ましい。

　なお，基本照明の全点灯から1/2点灯への調光は野外輝度または照度により，1/2点灯から1/4点灯への調光はタイマーによるものとする。

（2）入口部・出口部照明

　入口部照明は，野外輝度に応じて所要の照明レベルが決定される。このため，野外輝度が変化した場合にはそれに応じてトンネル内の路面輝度を調光することができる。通常は，入口部照明の調光段階を2または4段階とし，野外輝度の設定値に対する比率に応じて所定の路面輝度の比率となるよう照明施設を制御する。設計速度が高いトンネルで入口部照明のレベルに応じた調光段階を4段階にした例を表解5－7

に，設計速度が低いトンネルで調光段階を2段階にした例を表解5-8に示す。
出口部照明は，入口部照明と同様の考えをもとに調光するのがよい。

表解5-7　入口部照明の調光（4段階の例）

野外輝度の設定値に対する比率	路面輝度の比率
75％以上	100％
50％以上～75％未満	75％以上
25％以上～50％未満	50％以上
5％以上～25％未満	25％以上

表解5-8　入口部照明の調光（2段階の例）

野外輝度の設定値に対する比率	路面輝度の比率
50％以上	100％
5％以上～50％未満	50％以上

(3) 特殊構造部の照明等

　特殊構造部の照明は，それぞれの目的を考慮し，適切に運用するものとする。接続道路の照明は，夜間におけるトンネル照明との連続性を考慮して運用するのがよい。

(4) 非常時の運用

　非常時には道路利用者等の避難，消火活動のために照明が必要であり，基本照明を全点灯するのがよい。なお，昼間は入口部・出口部照明および基本部照明を直前の点灯状態に維持することが望ましい。

第5章　参考文献

1) 国際照明委員会：Guide for the Lighting of Road Tunnels and Underpasses, CIE Pub. No. 88-1990.
2) 建設省土木研究所ほか：トンネル内の新照明方式に関する共同研究報告書　道路トンネルのカウンタービーム照明設計ガイドライン（案），1997年3月.
3) (財)高速道路調査会：トンネル照明に関する調査研究報告書，P. 51, 1977年3月.
4) 田辺吉徳，畑山順一，大久保信和，西森栄：トンネル基本部所要路面輝度に関するシミュレータ実験（トンネルに煤煙が存在しない場合），1977年度　照明学会全

国大会，82.
5）（財）高速道路調査会：トンネル照明設計指針改定に関する調査研究報告書，p. 23，1979年2月.
6）（財）高速道路調査会：高速道路の照明技術に関する調査研究報告書，2007年2月.
7）国際照明委員会：Guide for the Lighting of Road Tunnels and Underpasses, CIE Pub. No. 88-2-2004.
8）国際照明委員会：Recommendations for the Lighting of Roads for Motor and Pedestrian Traffic, CIE Pub. No. 115, 1995.
9）斎藤満，成定康平：光のチラツキが不快感に及ぼす影響について，National Technical Report，第14巻，第1号，1967.
10）（財）高速道路調査会：第二東名・名神高速道路のトンネル照明に関する調査（その4）研究報告書，p. 129，1996年3月.
11）K. Narisada, K. Yoshikawa, Y. Yoshimura：Adaptation Luminance of Driver's Eyes Approaching a Tunnel Entrance in Daytime, CIE Proc. 19th session, Kyoto Pub. No. 50, P. 409-413, 1980.
12）（社）日本道路協会：道路照明施設設置基準・同解説　P. 71，1981年4月.
13）（財）高速道路調査会：トンネル視環境に関する調査研究報告書，P. 63，1986年3月.
14）武田裕之：プロビーム照明設置概要－トンネル照明にプロビーム照明を導入－，P. 91，建設電気技術，1997技術集.
15）（財）高速道路調査会：トンネル照明設計指針，p. 31，1990年3月.
16）成定康平，吉川孝次郎：トンネル出口照明，National Technical Report 第14巻，第5号，P. 385.
17）（財）日本規格協会：JIS Z 9110，照度基準，付表10 駐車場，1979.
18）林堅太郎，森望，安藤和彦：歩行者用照明の必要照度に関する研究，2002年度照明学会全国大会，119.
19）（社）日本道路協会：道路トンネル非常用施設設置基準・同解説，P. 51，2001年10月.

第6章　照明用器材

6－1　光源および安定器

> 光源および安定器は，次の事項に留意して選定するものとする。
> (1) 効率が高く寿命が長いこと
> (2) 周囲温度の変動に対して安定であること
> (3) 光源は光色と演色性が適切であること

【解　説】
　道路照明施設に使用する光源および安定器は，効率，寿命，光束などの特性が安定しており，製品の互換性，入手の容易さなどに加えて，設置場所の環境に適合したものを選定する必要がある。光源および安定器の選定にあたり留意する事項には次のようなものがある。

(1) 効率と寿命
　道路およびトンネルの照明に使用する光源および安定器には，効率が高く，寿命が長いことが求められる。
　効率には光源のみの発光効率と，安定器の電力損を含む総合効率があり，安定器の入力電力は安定器の種類によって異なるので，効率を考慮し選定する必要がある。
　光源の寿命は照明施設の維持管理に対して重要である。一般的に光源の平均寿命は実験室的な一定条件下において求めた平均値で表されている。しかし実際には，平均寿命は電源電圧の変動，周囲温度の変化，点滅頻度，照明器具の構造，安定器の特性などの影響を受けるので留意する必要がある。

(2) 周囲温度の影響
　光源は，周囲温度の変動に対して特性が安定であることが必要である。光源の種類によっては，周囲温度により効率が低下したり，低温時に始動しにくくなる。
　蛍光ランプや発光ダイオードは周囲温度により効率が変動する。また，蛍光水銀ランプや蛍光ランプは，低温になると始動しにくくなるので，低温時の対応を考慮する

必要がある。なお，光源の周囲温度は組合せる照明器具の構造によっても異なるので，周囲温度の影響を考慮して照明器具や安定器を選定する必要がある。

安定器は，周囲温度が高くなると寿命が短くなる傾向がある。よって，安定器の寿命を長く維持させるためには安定器周囲の温度上昇を抑える等の配慮が必要である。

(3) 光色，演色性

光源は固有の光色・演色性を有しており，その違いにより照明効果に多少の差が生ずる。演色性の良いことは，運転者にとって快適な運転ができる一つの条件でもある。特に，歩行者が多い市街地等では演色性を考慮することが望ましい。なお，演色性の悪い光源を選定せざるをえない場合には，その光によって照明された物体の色の見え方が違うことに注意する必要がある。

一方，光源の光色を使い分けることによって，誘導効果を高めることもできる。例えば，平行する道路において，光色の異なる光源を使い分けたり，トンネル内で，非常駐車帯や，歩道部に光色の異なる光源を使い分けると誘導効果を高めることができる。また，スモッグや霧中における誘導効果は，白色の光源より橙黄色または黄白色の光源の方が優れている。

(4) その他留意事項

1) 調光と始動特性

運用において，減光による調光をする場合には，減光が可能な光源を選定する必要がある。また点灯・消灯が多いトンネル照明では始動時間が短いことも重要である。停電時の照明を考慮すると，特にトンネルの基本照明には再始動時間が短い光源を採用することが望ましい。

2) 各種光源の選定

道路照明施設に使用される光源には，高圧ナトリウムランプ，蛍光ランプ，メタルハライドランプ，セラミックメタルハライドランプ，低圧ナトリウムランプ，蛍光水銀ランプ，発光ダイオード等がある。これらの光源を平均寿命，総合効率，光色・演色性，周囲温度特性，減光の可否等の特性に応じて適宜選択する必要がある。

3) 安定器の選定

ⅰ) 放電灯を安定に点灯させるためには安定器が必要であり，使用する光源の種類とそのワット数に適したものを，電気方式，電圧変動，周囲温度その他，施設設計上の諸事項に留意して，選定する必要がある。安定器の特性は電源設備や配線設備を決定する重要な要素である。安定器の入力電力は安定器の種類によって異

なるので，光源と安定器の組合せによって決まる総合効率に留意する必要がある。減光による調光を行う場合には，調光形安定器を使用し，運用に応じて連続調光形または段調光形の安定器を選定するのがよい。

　安定器の種類は，使用する光源の種類とそのワット数，電源電圧，周波数のほか，使用場所，力率によって区分され，一般高力率形，高周波点灯形，定電力形，調光形，進相形などがある。なお，これらは単独での区分ではなく，高周波点灯・調光形といったように組合せて使用される。

ⅱ）ポール照明方式の安定器は通常ポール内に収納される。特に，調光用安定器を使用する場合は，安定器の大きさを考慮したポール収納部の構造を検討する必要がある。トンネル照明施設の照明器具では，器具に内蔵されるのが一般的である。安定器は絶縁体の種類によって温度上昇限度が関連規格[1]に定められており，絶縁破壊や絶縁劣化の原因となる温度上昇が生じないようにする必要がある。

6－2　照明器具

　照明器具は，設置場所に応じ，次の事項に留意して選定するものとする。
(1) グレアが少なく高い照明率が得られ，照明方式に適した配光特性を有するものとする。
(2) 長期間にわたり光源を安定に点灯させるために必要な電気性能，機械性能，防水性能，耐食性能等を有するものとする。
(3) 道路の付属物として，設置場所に適した外観を有し，維持管理が容易なものとする。
(4) ポールまたは構造物との取付部は十分な強度を有し，作業性および維持管理に配慮した構造を有するものとする。

【解　説】
　照明器具は，設置場所（連続照明，局部照明，トンネル照明）および周辺の状況に応じ，下記の事項に留意して選定する必要がある。
(1) **配　光　性　能**
　1）照明器具に要求される最も重要な性能は配光特性であり，道路照明施設の質と経済性に大きく影響する。また，照明器具は照明方式に適した配光を有することが必

要である。

2）トンネルの照明器具の配光特性も基本的には道路照明の照明器具と同じであるが，トンネル照明器具は取付高さが低いため，グレアが大きくならない範囲で，照明率が高く均斉度の良い配光特性を有することが必要である。

　また，トンネル内で他の車両，歩行者，障害物等の視認を容易にするためには，壁面への光束も必要であり，器具からの光束が路面のみでなく壁面にも適当に配分されることが望ましい。

3）照明器具は器具効率が高いことが望ましく，器具効率は反射板の反射率，照明カバーの透過率およびそれらの形状により異なるので，配光特性と合せて器具効率の高いものを選定する必要がある。

（2）電気性能，機械性能，防水性能，耐食性能等

1）照明器具は絶縁抵抗，絶縁耐力ともに長期間にわたり良好であることが必要である。これらの電気性能はJIS C 8131 道路照明器具[2]に規定されている

2）照明器具には通常の使用状態で予想される振動，衝撃等によってランプとソケットの接触不良，脱落，器具各部の緩み，破損等を生じないような機械性能が必要である。

3）一般に道路の照明器具は風雨にさらされ，またトンネルの照明器具は洗浄時に圧力水を噴射されるので，正常な動作を阻害するおそれのある浸水が起こらない防水性能が必要である。

4）照明器具は自動車の排気ガスはもちろんのこと，工業地帯においては亜硫酸ガス，海浜地帯においては塩分粒子等の腐食性雰囲気にさらされる。またトンネルの照明器具はトンネル内の湿気によって湿潤状態におかれる。このような使用環境で長期間にわたり配光性能，電気性能，機械性能が劣化しないような耐食性能が必要である。

5）照明器具は太陽光線や点灯時の発熱による温度変化を受ける。内部温度上昇によって器具の各部の変形，変質を生じないほか，安定器，ソケット，内部配線等の絶縁劣化が生じないような耐熱性能が必要である。

（3）外　観　等

　照明器具は道路の付属物として，設置場所に適した外観形状とすることを考慮する必要がある。また，照明器具は維持管理が容易な構造であることが求められ，開閉機構を有する場合は容易に開閉できる構造とする必要がある。

（4） 取付部の構造等
1） 照明器具の取付は，特別の場合を除き高所作業になるので簡易な方法で強固に取り付け得ることが望ましい。
2） ポール照明方式に用いる照明器具は，ポールへの取付部に容易に脱落，ねじれ等が生じない構造とする。また，照明器具の落下防止を考慮する必要がある。
3） トンネル照明器具は，トンネル側壁または天井に金具を取付け，照明器具を直付けする方法が一般的であり，トンネル側壁または天井の建築限界外に空間的な余裕をもって取付ける必要がある。コンクリート面に取付ける場合は，腐食の対策と維持管理を考慮して，壁面から50 mm程度離すことが望ましい。

6-3 ポール

> ポールは，次の事項に留意して選定するものとする。
> (1) 灯具の性能を十分発揮させるように保持し，設置場所に適した外観を有するとともに，灯具の配列に応じて経済的な形状および構造を有するものとする。
> (2) 灯具およびポールに加えられる外力に対して十分な強度や耐久性を有するとともに，設置場所に応じた耐食性を有するものとする。
> (3) 安定器等を取り付け得る構造のものとする。

【解　説】
（1） ポールは，灯具の性能を十分発揮させるように保持し，灯具の配列に応じて経済的かつ設置場所に応じた外観形状および構造を有する必要がある。また，灯具の落下を防止する対策が可能な構造とすることが望ましい。
（2） ポールは，灯具の質量はもとより，風圧力による転倒モーメントおよびねじれ，あるいは地盤からの起振力による振動などの外力に対し，十分な強度を有する必要がある。特に，橋梁や高架道路ではポールにかかる通行車両による振動などの影響を考慮する必要がある。

　　ポールは最大瞬間風速60 m/secに耐えるものとし，設計条件および強度計算は，JIL 1003 照明用ポール強度計算基準[3]によるとよい。なお，地上からの高さが6 m以下のポールは，最大瞬間風速を50 m/secとすることができる。

一方，十分な耐食性を保持させるため，ポールには適切な防食を施す必要がある。塩害を受けやすい海岸部，腐食性ガスの発生する工場地帯等では，ポールの寿命に大きな影響を与えるので，塗装を行う場合は，それぞれの周辺環境に適した特殊塗料を使用することも考慮する必要がある。また，ポールを埋め込む場合は，地際部に腐食防止の補強をすることが望ましい。
（3）ポールは，必要に応じて安定器や開閉器が取付けられ，かつそれらが点検可能な構造とする必要がある。

6－4　その他の器材

（1）**自動点減器**
　自動点減器は，自然光の明るさに応じて回路を開閉させる機能を有し，動作が確実で長期間安定に作動するものとする。

（2）**自動調光装置**
　自動調光装置は，野外輝度または鉛直面照度あるいは時刻に応じて明るさのレベルを制御する機能を有し，動作が確実で長期間安定に作動するものとする。

（3）**配　電　盤**
　配電盤は，自動点減器あるいは自動調光装置などの信号を受けて，光源を点滅または減光するために必要な機能を有し，設置場所の条件に適合した外観や形状および構造を有するものとする。

（4）**電　　　線**
　電線は，許容電流値，電圧降下等を考慮した太さのもので，使用場所に適合した絶縁体，シースまたは外装を有するものとする。

（5）**管　　　路**
　管路は，収容する電線を保護するために必要な太さと強度，耐久性を有し，敷設する場所の条件に応じた施工性等を有するものとする。

【解　説】
（１）自動点滅器

　　自動点滅器は，自然光の明るさに応じて回路を開閉するものでJIS C 8369 光電式自動点滅器[4]に種類，性能，構造等が詳細に規定されている。自動点滅器は動作が確実で機械的強度に優れ，耐候性に富み，雨水の浸入，滞水により正常な動作を阻害されることのない構造で，通常の使用状態において振動に耐えることが要求される。また，腐食性ガスや塩害のおそれのある場所等に用いる場合は耐食性を考慮する必要がある。なお，自動点滅器の設置位置は，自然光の明るさを適切に検知できるように決定する必要がある。

（２）自動調光装置

　　自動調光装置は，道路照明施設の明るさのレベルを制御するものであり，野外輝度または野外の鉛直面照度を検出して，あらかじめ設定した明るさや時刻に応じて制御信号を発し，明るさのレベルを制御する。

　１）自動調光装置は，受光部と制御部から構成される。

　２）受光部には，野外輝度を検出する輝度計式と，野外の照度を検出する照度計式がある。

　３）トンネルの野外輝度または鉛直面照度を検出するため，坑口付近に受光部を設置する。視角20度の輝度計を用いる場合，受光部はトンネル坑口から150 m程度離れた位置の路側に設置するとよい。道路線形等により坑口の見通しが悪い場合には，視角20度内に坑口が適切に入る坑口手前の位置とするとよい。この場合，設置位置を変更することによる野外輝度の低下を考慮した補正が必要となる。また，照度計式の受光部の設置位置・方向は，野外輝度との関連が高くなるようにすることが望ましい。

　　なお，受光部の設置にあたっては，交通の妨げにならず，草木の陰になったり自動車のヘッドライトの影響を受けないような位置を選定する必要がある。

　４）制御部は受光部の信号を受けて，あるいは時刻に応じて制御信号を発し，確実かつ安定して明るさのレベルを制御するものである。

（３）配　電　盤

　　配電盤は，自動点滅器あるいは自動調光装置などの信号を受けて，光源を点滅または減光するために必要な機能を有するものである。なお，非常用施設が設置されるトンネルでは，停電時や非常時に連動できる機能を有することが望ましい。

また，配電盤は，設置場所の条件に適合した外観や形状および構造を有するものとし，できるだけ小形にすることが望ましい。

　屋外に設置するものは雨水の浸入，滞水などによって機能が阻害されないことが要求され，前面ドアのパッキング，電線の引き入れ，引出し口等の構造に留意する必要がある。また，十分な耐食性を保持させるため，適切な防食を施す必要がある。

　配電盤内部はなるべく充電部が露出しない構造で，絶縁劣化等の原因となる有害な温度上昇を生じないよう放熱，通風も考慮する必要がある。

（4）電　　線

1）受電地点から灯具に給電するための電線は原則としてJIS適合品とし，その区間の配電方式に適したものを選定する必要がある。

2）電線は施工時の引張り力，使用時の伸縮力に対して折損または破断のおそれの少ない撚線を導体としたものとし，電線の太さは許容電流，電圧降下および施工性を勘案して選定する必要がある。

（5）管　　路

　管路はケーブルを保護してその電気的性能を保持させるものであるから，次の諸点に留意して使用材料を選定する必要がある。

1）外部からの荷重，衝撃，振動等からケーブルを保護するよう，十分な機械的強度を有すること

2）管路自体の温度伸縮，構造物の温度伸縮，地盤沈下による伸縮等を吸収してケーブルに曲げ，引張り等の応力を及ぼさないこと

3）並行する通信線路がある場合は静電誘導を与えないため，遮へいを考慮すること

4）腐食性ガス，塩分，紫外線の環境条件に対し十分な耐久性を有すること

5）管路の施工が容易でかつケーブル引き入れ工事も容易に行えること

第6章　参考文献

1）（財）日本規格協会：JIS C 8110，高圧水銀灯安定器及び低圧ナトリウム灯安定器，1987.

2）（財）日本規格協会：JIS C 8131，道路照明器具，2006.

3）（社）日本照明器具工業会：JIL 1003，照明用ポール強度計算基準，2002.

4）（財）日本規格協会：JIS C 8369，光電式自動点滅器，2006.

第7章　設計および施工

7-1　道路照明施設設置の手順

> 道路照明施設整備計画に基づき，合理的かつ経済的な照明設計，配線設計および施工を行うものとする。

【解　説】
　道路照明施設設置の手順の概略は一般的には図解7-1に示すとおりである。
　すなわち，施設整備計画の前提条件を整理し，連続（局部）照明とトンネル照明別に，使用光源および照明器材の選定の後，配置を決め，照明率，保守率等の計算条件を設定したうえ，光束法および逐点法により照明計算を行い，灯具の間隔や光源の大きさ（ワット数）等を決定する。
　次に調光等を考慮のうえ電気方式，契約種別を決め，電圧降下計算等を行い，具体的な配線設計を行って，設計時の検査により性能ならびに機能を確認する。
　以上の決定項目に基づき現場において施工を行い，施工時の検査により性能ならびに機能を確認する。
　なお，局部照明やトンネル照明など異なる照明施設に挟まれた道路で，その延長が短い区間に照明施設を設置する場合は，前後の照明施設を含む全体区間において，明るさなどの連続性を考慮し計画する必要がある。

```
                              ┌─────────┐
                              │   始め  │
                              └────┬────┘
                    ┌──────────────┴──────────────┐
                    │ 道路照明施設整備計画の前提条件 (2-3) │
                    │ 道路の種類,周辺環境,道路状況,交通状況 │
                    │ 他交通施設,漏れ光,地域景観,連続性*1 等 │
                    └──────────────┬──────────────┘
                        連続(局部)照明 │ トンネル照明
```

<設計>

照明設計	照明設計
性能指標等の決定 (3-2, 4-2〜4-5)	**基本照明**
照明方式の選定 (3-3)	性能指標等の決定 (5-3)
照明器材の選定 (6-1, -2, -3, -4)	照明方式の選定 (5-2)
灯具配置の決定 (4-2, 4-5)	照明器材の選定 (6-1, -2, -3, -4)
照明設計 (7-2)	照明設計 (7-2)
照明の運用 (3-4, 4-6)	評　価*2
評　価*2	

(注)＊1 異なる照明施設に挟まれた道路で,その区間が短い場合に考慮する。

＊2 経済性等を考慮のうえ,性能指標等を満足する光源の大きさ(ワット数),灯具配置などを繰り返し計算し,最適な設計とする。

入口部・出口部照明
野外輝度の設定 (5-4)
路面輝度等の決定 (5-4)
照明方式の選定 (5-2)
照明器材の選定 (6-1, -2, -3, -4)
照明設計 (7-2)
評　価*2

特殊構造部の照明の検討 (5-5)

停電時照明の検討 (5-6)

接続道路の照明の検討 (5-7)

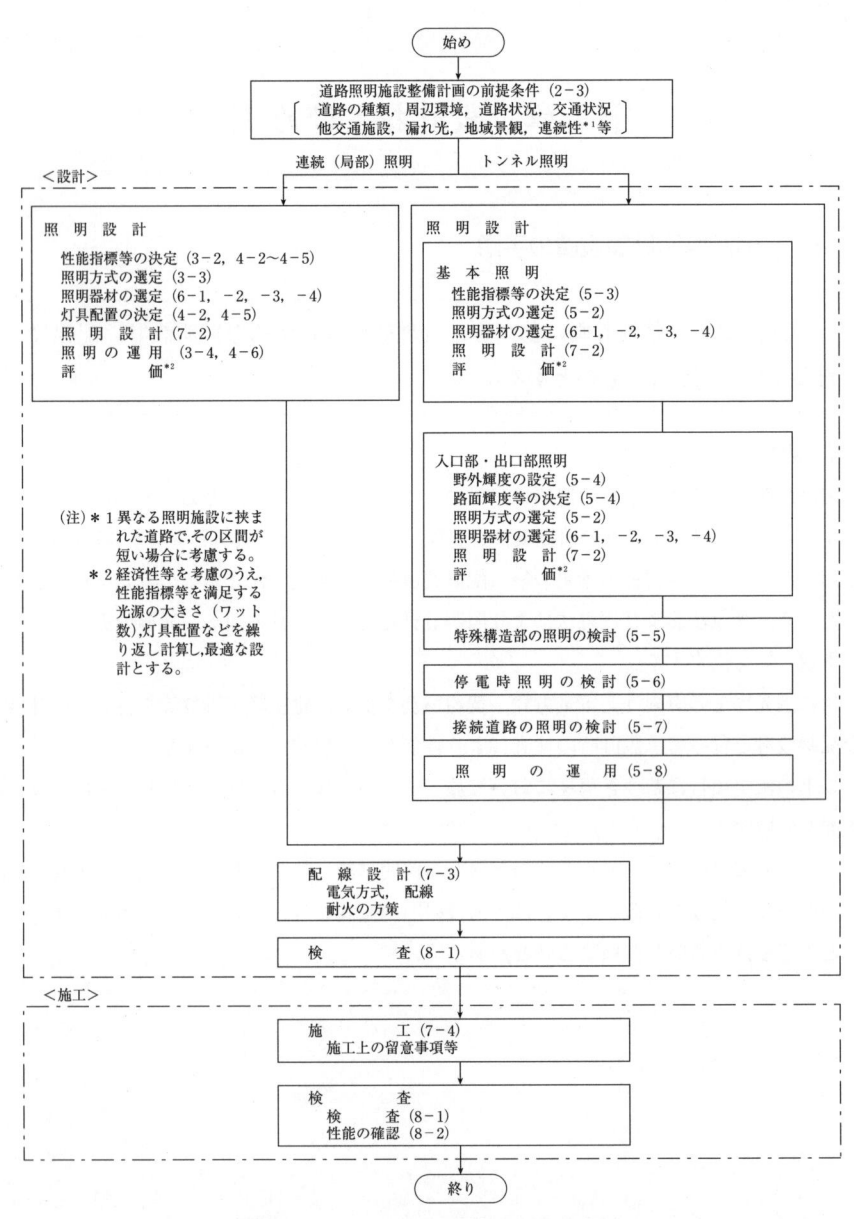

照明の運用 (5-8)

配線設計 (7-3)
電気方式, 配線
耐火の方策

検　査 (8-1)

<施工>

施　工 (7-4)
施工上の留意事項等

検　査
検　査 (8-1)
性能の確認 (8-2)

終り

図解7-1　道路照明施設設置の手順

7-2 照明設計

　照明設計においては，第3章，第4章，第5章および第6章の規定に従い，光源，灯具配光，灯具の配置等を決定するものとする。

【解　説】
(1) 照明設計の概要

　連続照明，局部照明およびトンネル照明の施設設置手順は図解7-1に概要を示したが，選定された照明器材を使用し，第3章〜第5章に規定等された規定値および推奨値等が得られるように，設計および計算を行うのがよい。ここで，規定値は本基準において性能指標として規定された値，推奨値は解説において推奨されており，満足することが望ましい値をいう。なお，各照明施設はその設置場所により相互に関連する場合があるため，連続性を考慮し総合的に検討する必要がある。
　各照明施設と，それぞれに該当する性能指標（規定値）および推奨値との関係を表解7-1に示す。

表解7-1　各照明施設と設計対象項目

照明施設	設計対象項目	性能指標（規定値）				推奨値					
		平均路面輝度	総合均斉度	相対閾値増加	誘導性	平均路面照度	照度均斉度	車線軸均斉度	相対閾値増加	壁面輝度	鉛直面照度
連続照明		○	○	○	※			△*1)			
局部照明	交差点の照明					○	○				
	横断歩道の照明					△*2)					△*2)
	歩道等の照明					○	○				
	その他の場所の照明					△*3)					
トンネル照明	基本照明	○	○	○	※			△*4)		○	
	入口部照明	○							△*5)	△*6)	△*7)
	出口部照明										○
	特殊構造部の照明					○					
	接続道路の照明					△*8)					

注) ○：設計対象とする　△：必要に応じて設計対象とする　※：定量評価の対象としない

＊1) 車線軸均斉度は高速自動車国道等，主要幹線道路において設計対象項目とするものとする。

＊2) 歩行者の背景を照明する方式では平均路面照度，歩行者自身を照明する方式では鉛直面照度を設計対象項目とする。

＊3) 対象となる設置場所が多岐にわたるため，照明施設の設置目的に応じて適宜，設計対象項目を決定するとよい。

＊4) 車線軸均斉度は，設計速度と交通量に応じた平均路面輝度の低減を考慮して，設計対象とするかを決定するのがよい。

＊5) 相対閾値増加はカウンタービーム照明方式の場合に設計対象項目とする。ただし，カウンタービーム照明方式の器材仕様に適合した灯具を用いる場合は省略してよい。

＊6) 壁面輝度は，灯具の光軸方向・配光が基本照明の灯具と同等と判断される場合は省略してよい。

＊7) 鉛直面照度はプロビーム照明方式の場合に設計対象項目とする。

＊8) 複数の灯具が設置される場合等に平均路面照度を設計対象項目とすればよい。

設計対象項目ごとの計算法を表解7-2に示す。

表解7-2　設計対象項目と計算法

設計対象項目\計算法	性能指標（規定値）				推奨値					
	平均路面輝度	総合均斉度	相対閾値増加	誘導性	平均路面照度	照度均斉度	車線軸均斉度	相対閾値増加	壁面輝度	鉛直面照度
光束法	○			※	○				○	
逐点法		○	○	※		○	○	○		○

注) ※：定量評価の対象としない

光束法は被照面の平均の明るさを一括して求めるものであり，逐点法は被照面の中の任意の点の明るさを求めるもので，照度と輝度に対する方法がある。

光束法と逐点法は設計対象項目に応じて選択するとよい。

表解7-1から照明施設に応じた性能指標（規定値），推奨値を選定し，次に，表

解7-2から設計対象項目に対する計算法を決定するとよい。個々の計算法については次に解説する。

(2) 照明計算

照明設計で用いる計算法には，表解7-2に示すように「光束法」と「逐点法」がある。逐点法はさらに「逐点法による照度計算」と「逐点法による輝度計算」に分類される。

光束法は，灯具からある面に入射する光束により，その面の平均照度を計算する方法であり，逐点法は，照明施設内の任意の点の照度，輝度を灯具から入射する光度や，灯具とその点との距離，角度等から求める計算法である。

1）光束法による計算

 ⅰ）平均路面輝度の計算

  (イ) 平均路面照度，平均路面輝度

光束法は一般的に用いられる計算法で，平均照度，器具間隔や灯数の算出に使用される。平均路面照度E_rは式（7.1）で表される。

$$E_r = \frac{F \cdot U \cdot M \cdot N}{S \cdot W} \quad (\text{lx}) \quad \cdots\cdots\cdots\cdots\cdots\cdots\cdots\cdots\cdots (7.1)$$

ここに，F：光源光束（lm）

U：照明率

M：保守率

N：配列係数　千鳥配列・片側配列・中央配列　$N=1$

　　　　　　　向合せ配列　$N=2$

S：灯具の間隔（m）

W：車道幅員（m）

平均路面輝度L_rは，路面の種類別に定められている平均照度換算係数（$K=E_r/L_r$）を用いて式（7.2）で表される。

$$L_r = \frac{F \cdot U \cdot M \cdot N}{S \cdot W \cdot K} \quad (\text{cd/m}^2) \quad \cdots\cdots\cdots\cdots\cdots\cdots\cdots\cdots (7.2)$$

ここに，K：平均照度換算係数（lx/cd/m^2）

  (ロ) 平均照度換算係数

平均照度換算係数は平均路面輝度を平均路面照度に換算する係数であり，路面の種類以外に，灯具の配光，配置などによって変る。わが国でのこれまでの実施

例，既往研究等により表解7－3に示す値が妥当と考えられる。

なお，排水性舗装や明色舗装等ならびに低ポール照明や高欄照明等の低位置照明の平均照度換算係数については，調査・研究等により適切に設定する必要がある。

表解7－3　平均照度換算係数　$(\mathrm{lx/cd/m^2})$

	コンクリート	アスファルト
連続照明，局部照明	10	15
トンネル照明 （対称照明方式）	13	18

トンネル照明において，非対称照明方式を採用する場合の平均照度換算係数は別途検討が必要である。カウンタービーム照明方式を採用し，車道幅員内あるいは車道と路肩の境界付近に灯具を配置する場合については過去の研究事例[1]より，コンクリートおよびアスファルト舗装共に $9\,\mathrm{lx/cd/m^2}$ を適用することができる。

(ハ) 照明率

　a) 道路照明（連続照明，局部照明）

　　連続照明，局部照明の設計計算に用いる照明率は，光源と照明器具との組合せによる照明率曲線から，道路の横断方向における灯具の位置と灯具の取付高さとの関係より算出される。

　b) トンネル照明

　　トンネル照明の照明率は他の照明施設と同様の手順で求めることができるが，道路幅と灯具位置，灯具の取付高さ・取付角度のほか，天井，壁，路面による相互反射成分を加える必要がある。

(ニ) 保守率

道路照明施設は，光源の光束の低下，灯具の汚れおよび壁面反射率の低下などによって路面輝度・照度が設置当初の値より減少する。この減少の程度を設計時点で見込む係数が保守率である。

この減少の程度は，道路構造，交通状況はもとより光源の交換時間と交換方式，灯具の清掃頻度などによって異なる。

表解7－4は設計に用いる保守率の推奨値を示したものである。保守率の設定

に際しては，交通量，車種構成，道路周辺状況および維持管理等を勘案のうえ適切な値を採用する必要がある。

表解7－4 保守率の推奨値

区 分	保 守 率
連続（局部）照明	0.65〜0.75
トンネル照明	0.50〜0.75

ⅱ）平均壁面輝度の計算
(イ) 計算方法

平均壁面輝度（L_w）の計算は，視環境の評価のために壁面と路面の輝度比を求めることを目的に行うもので，壁面を完全拡散面と考えると式(7.3)で表される。

$$L_w = \frac{\rho_w \cdot E_w}{100\pi} = \frac{\rho_w}{100\pi} \cdot \frac{F \cdot U_w \cdot M \cdot N}{S \cdot H_w} \quad (\text{cd/m}^2) \quad \cdots\cdots\cdots(7.3)$$

ここに，ρ_w：壁面の反射率（％）
　　　　E_w：平均壁面照度（lx）
　　　　F　：灯具1台あたりの光源の光束（lm）
　　　　U_w：路面からH_w（m）までの壁面の照明率（相互反射を含む）
　　　　M　：保守率
　　　　N　：配列係数（片側，中央，千鳥＝1，向合せ＝2）
　　　　S　：灯具の間隔（m）
　　　　H_w：計算対象とする壁面高さ（m）

(ロ) 路面と壁面との輝度比の計算

路面と壁面との輝度比は式(7.4)で表される。

$$\frac{L_w}{L_r} \quad \cdots\cdots\cdots\cdots\cdots\cdots\cdots\cdots\cdots\cdots\cdots\cdots\cdots\cdots\cdots\cdots\cdots\cdots\cdots(7.4)$$

ここに，L_w：平均壁面輝度（cd/m²）
　　　　L_r：平均路面輝度（cd/m²）

なお，路面の照明率U_rと壁面の照明率U_w，被照面（路面と壁面）の面積および反射率から，路面と壁面との輝度比を算出してもよい。

2）逐点法による照度計算
　ⅰ）計 算 方 法
　　　逐点法による照度計算は，任意の点の照度を光源の光度，光源からの距離ならびに任意の点と光源との角度より照度を算出するものであり，照度分布図の作成や照度均斉度の算出に使用される。

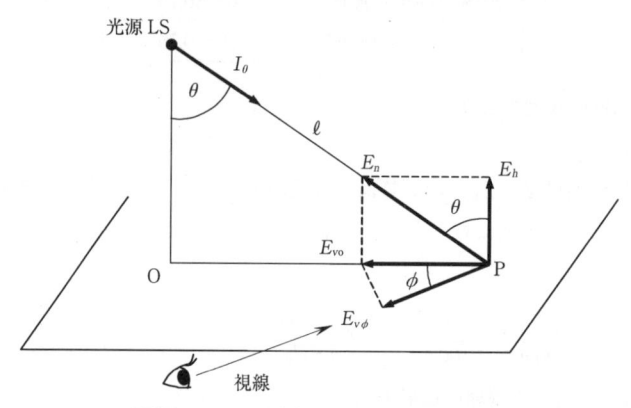

図解7－2　逐点法による照度計算

ここに，I_θ：光源（灯具）から点P方向への光度（cd）
　　　　ℓ：光源（灯具）から点Pまでの距離（m）
　　　　θ：点Pから光源への法線と垂線との角度（°）
　　　　E_n：点Pにおける法線照度（lx）
　　　　E_h：点Pにおける水平面照度（lx）

　図解7－2の点Pにおける法線照度E_nおよび水平面照度E_hは式（7.5），（7.6）で表される。

$$E_n = \frac{I_\theta}{\ell^2} \quad (\text{lx}) \cdots\cdots\cdots\cdots\cdots\cdots\cdots\cdots\cdots\cdots\cdots\cdots\cdots\cdots (7.5)$$

$$E_h = E_n \cdot \cos\theta \quad (\text{lx}) \cdots\cdots\cdots\cdots\cdots\cdots\cdots\cdots\cdots\cdots\cdots\cdots (7.6)$$

　また，光源の直下の点O方向における点Pの鉛直面照度E_{vo}，これと水平角ϕにおける鉛直面照度$E_{v\phi}$は式（7.7），（7.8）で表される。

$$E_{vo} = E_n \cdot \sin\theta \quad (\text{lx}) \cdots\cdots\cdots\cdots\cdots\cdots\cdots\cdots\cdots\cdots\cdots\cdots (7.7)$$

$$E_{v\phi} = E_n \cdot \sin\theta \cdot \cos\phi \quad (\text{lx}) \cdots\cdots\cdots\cdots\cdots\cdots\cdots\cdots\cdots (7.8)$$

ⅱ）照度均斉度（U_{oE}）の計算

照度均斉度（U_{oE}）は対象範囲の最小照度を平均路面照度で除したもので式(7.9)で表される。

$$U_{oE} = \frac{E_{\min}}{E_r} \quad \cdots\cdots\cdots\cdots\cdots\cdots\cdots\cdots\cdots\cdots\cdots\cdots\cdots\cdots\cdots\cdots\cdots (7.9)$$

ここに，$E_{\min}$：対象範囲の最小照度（lx）
　　　　E_r：対象範囲の平均路面照度（lx）

3）逐点法による輝度計算[2]

ⅰ）計　算　方　法

逐点法による輝度計算は，計算エリア内で規定の点の照度と国際照明委員会（CIE）が推奨する標準的な路面の反射特性を用いて各点の輝度を計算するもので，輝度分布，輝度均斉度の算出に使用される。

計算方法は，国内外にて採用されているCIE Pub.No.30.2「Calculation and Measurement of Luminance in Road Lighting 2nd[2]」を参考とすることとし，以下に，CIEが推奨する路面の輝度計算方法の概略を示す。なお，計算手法はCIE等の技術動向に配慮し，最適な手法を選定することが望ましい。

輝度計算は，路面の照度に運転者の視点から見た計算点における輝度係数を乗じて求めるものである。輝度係数 q は，路面ごとに，視点・路面（計算対象としている，ある地点）・光源の3点の位置関係から，式（7.10）で表される。

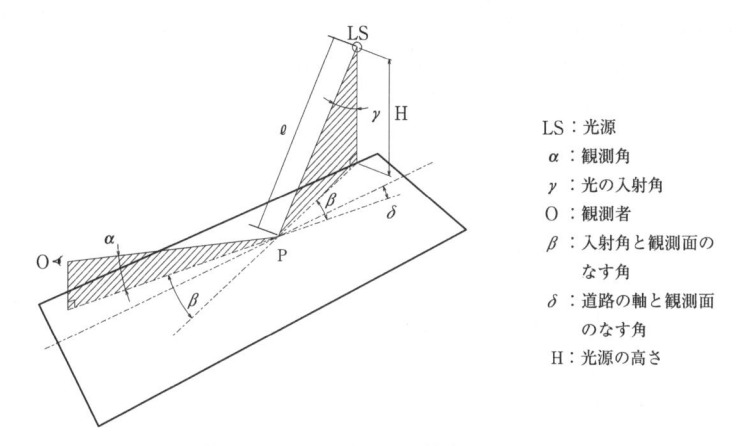

LS：光源
α：観測角
γ：光の入射角
O：観測者
β：入射角と観測面のなす角
δ：道路の軸と観測面のなす角
H：光源の高さ

図解7－3　路面上の計算点Pの位置

$$q = \frac{L}{E} \quad \cdots\cdots\cdots\cdots\cdots\cdots\cdots\cdots\cdots\cdots\cdots\cdots\cdots\cdots\cdots\cdots\cdots\cdots\cdots (7.10)$$

ここに，L：輝度（cd/m²）
　　　　　E：照度（lx）

図解7－3に示す計算点Pにおける照度は，逐点法により式（7.11）で表される。

$$E = \frac{I}{\ell^2} \cos \gamma \quad (\text{lx}) \quad \cdots\cdots\cdots\cdots\cdots\cdots\cdots\cdots\cdots\cdots\cdots\cdots (7.11)$$

ここに，I：光源から点P方向への光度（cd）
　　　　　ℓ：光源LSから点Pまでの距離（m）
　　　　　γ：点Pから光源への法線と垂線とのなす角度（°）

ただし，$\cos \gamma = H/\ell$ であるから，$\ell^2 = H^2/\cos^2 \gamma$
よって，計算点Pの輝度Lは式（7.12）で表される。

$$L = q \cdot \frac{I}{H^2/\cos^2 \gamma} \cdot \cos \gamma = \frac{I \cdot q \cdot \cos^3 \gamma}{H^2} = \frac{I \cdot r}{H^2} \quad (\text{cd/m}^2) \quad \cdots (7.12)$$

ここに，H：灯具の高さ（m）
　　　　　r：輝度換算係数（$q \cdot \cos^3 \gamma$）

上記の式中の輝度係数qに$\cos \gamma$の3乗を乗じた数値は輝度換算係数rとして，このrを求める表がCIEによって標準化されている[3]。

ⅱ）輝度均斉度の計算

輝度均斉度には総合均斉度（U_o）と車線軸均斉度（U_ℓ）の二つの種類があり，次のとおり計算する。

(イ)　総合均斉度　（U_o）

総合均斉度は式（7.13）で表される。

$$U_o = \frac{L_{\min}}{L_r{}'} \quad \cdots\cdots\cdots\cdots\cdots\cdots\cdots\cdots\cdots\cdots\cdots\cdots\cdots\cdots\cdots\cdots (7.13)$$

ここに，$L_{\min}$：対象範囲の最小部分輝度（cd/m²）
　　　　　$L_r{}'$：逐点法による平均路面輝度（cd/m²）

(ロ)　車線軸均斉度　（U_ℓ）

車線軸均斉度は式（7.14）で表される。

$$U_\ell = \frac{L_{\min (\ell)}}{L_{\max (\ell)}} \quad \cdots\cdots\cdots\cdots\cdots\cdots\cdots\cdots\cdots\cdots\cdots\cdots\cdots\cdots\cdots\cdots\cdots (7.14)$$

ここに，$L_{\min (\ell)}$：各車線中心線上の最小部分輝度（cd/m²）

$L_{\max (\ell)}$：各車線中心線上の最大部分輝度（cd/m²）

4）相対閾値増加の計算[4]

視機能低下グレアおよび不快グレアの評価方法は，CIE Pub.No.31「Glare and Uniformity in Road Lighting Installations (1976)」[4] に示されている。ここでは視機能低下グレア（相対閾値増加 TI）についてその計算方法を示す。

相対閾値増加 TI は式（7.15），（7.16）で表される。

$$L_r \leq 5 \text{ cd/m}^2 \text{の場合} \quad TI = 65 \cdot \frac{L_v}{L_r^{0.8}} \quad (\%) \quad \cdots\cdots\cdots\cdots (7.15)$$

$$L_r > 5 \text{ cd/m}^2 \text{の場合} \quad TI = 95 \cdot \frac{L_v}{L_r^{1.05}} \quad (\%) \quad \cdots\cdots\cdots\cdots (7.16)$$

ここに，L_r：平均路面輝度（cd/m²）

L_v：運転者の視野内の灯具による等価光幕輝度（cd/m²）

等価光幕輝度と相対閾値増加の計算で特に注意が必要なのは，照明施設の完成当初の状態で計算するということであり，相対閾値増加を計算する際に用いる等価光幕輝度および平均路面輝度は，保守率を1として計算する。

式（7.15），式（7.16）で必要となる等価光幕輝度 L_v は式（7.17）で表される。

$$L_v = 10 \cdot \sum_{i=1}^{n} \frac{E_{vi}}{\theta_i^2} \quad (\text{cd/m}^2) \quad \cdots\cdots\cdots\cdots\cdots\cdots\cdots\cdots\cdots\cdots (7.17)$$

ここに，E_{vi}：グレア源 i による視線と垂直な面における照度（lx）

θ_i：視線とグレア源 i のなす角度（°）

i：対象とする灯具数

（計算条件）

① 視点は高さ1.5 m，各車線中央とする。
② 自動車のフロントガラス上端による遮光角は20°とする。
③ 道路軸方向の等価光幕輝度値を計算し，最大値を求める。
④ 視線は道路軸に平行で，俯角1°の地点を注視するものとする。
⑤ θ_i の計算条件は1.5°～60°までとする。特に下限値（1.5°）を下回らないこと。

等価光幕輝度の最大値を与える位置は，自動車のフロントガラス上端から一番手前の灯具が遮光される瞬間である場合が多いことから，図解7-4のように視点の位置を設定する。

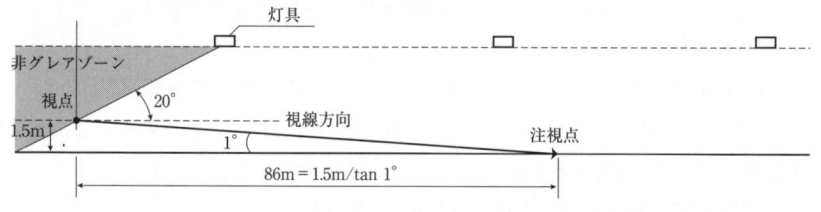

図解7-4 視機能低下グレアを計算する視点の位置

7-3 配線設計

(1) 灯具に給電する電気方式は給電距離，光源の大きさ（ワット数），灯数，分岐回路の構成等を考慮して最も経済的な方式を用いるものとする。
(2) 配線による電圧降下は光源が安定に点灯し，かつ，光束および効率が著しく低下しない範囲でなければならない。
(3) トンネル内の配線は，必要に応じて耐火の方策を施すものとする。

【解 説】

道路照明施設の配線設計は，光源の種別，灯具の配置，配列，電圧降下，運用などの諸条件をもとに，経済性に配慮して電気方式と分岐回路を選定しなければならない。

対象範囲は，図解7-5を標準とする。

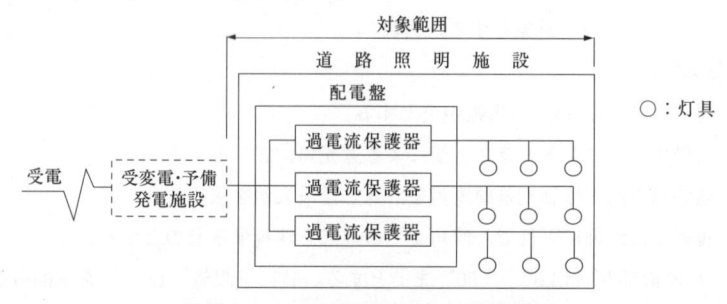

図解7-5 道路照明施設の対象範囲

— 114 —

(1) 電気方式

電気方式は表解7－5を標準とする。

表解7－5　電気方式

電　気　方　式		周波数(Hz)
単相2線式	100Vまたは200V	50または60
単相3線式	100/200V	50または60
3相3線式	200V	50または60
	415V	50
	460V	60
3相4線式	415/240V	50
	460/265V	60

　電力会社の電気供給約款に基づき，契約電力が50 kW未満の場合は低圧で受電し，公衆街路灯または従量電灯などの契約とする。

　契約電力が50 kW以上の場合は電力会社から高圧などで受電し，受変電設備を設け各種の配電電圧に変換し，適合した電気方式で配電するのがよい。

　一般に多相多線式で配電電圧が高い方が配線に要する費用が少なく，また配電線の線路損失も少なくなるが，3相3線式415Vまたは460Vおよび3相4線式415/240Vまたは460/265Vは電力会社から受電できないため，道路管理者が変電設備を設けて電気方式を変換する必要があり，これに要する費用も含めて総合的な検討を行う必要がある。

(2) 配　　線

1) 電 圧 降 下[5]

　ⅰ) 電圧降下は幹線および分岐回路において，それぞれ標準電圧の2％以下とすることを原則とする。ただし，電気使用場所内の変圧器により供給される場合の幹線の電圧降下は，3％以下とすることができる。

　ⅱ) 負荷末端までの電線のこう長が60 mを超える場合は，前項にかかわらず表解7－6に示す電圧降下の範囲とする。ただし，放電灯の場合は，6％を超えると光束の低下や立消えの原因となるため，電圧降下は6％以下とする。

表解 7-6　電圧降下

供給変圧器の二次側端子または引込線取付点から最遠端の負荷に至る間の電線のこう長（m）（ケーブル長）	電圧降下 (%)	
	使用場所内に設けた変圧器から供給する場合	電気事業者から低圧で電気の供給を受けている場合
120以下	5以下	4以下
200以下	6以下	5以下
200超過	7以下	6以下

ⅲ）ケーブルサイズは，電圧降下と許容電流を検討し決定する。

ⅳ）電圧降下は式（7.18～7.20）で表される。

　　a）単相2線式

$$e = \frac{35.6 \cdot \ell \cdot I}{1{,}000 \cdot A} \quad (V) \quad \cdots\cdots(7.18)$$

　　b）3相3線式

$$e = \frac{30.8 \cdot \ell \cdot I}{1{,}000 \cdot A} \quad (V) \quad \cdots\cdots(7.19)$$

　　c）単相3線式・3相4線式

$$e' = \frac{17.8 \cdot \ell \cdot I}{1{,}000 \cdot A} \quad (V) \quad \cdots\cdots(7.20)$$

　　ここに，e：線間の電圧降下（V）
　　　　　　e'：中性線との線間の電圧降下（V）
　　　　　　ℓ：ケーブル長（m）
　　　　　　I：線電流（A）
　　　　　　A：導体断面積（mm²）

2）分岐回路の定格電流[6]

　分岐回路の定格電流は15 A以下とし，過電流保護器に配線用遮断器を用いる場合は20 A以下とする。ただし，ランプ口金を大型口金（E39）とした照明器具を接続する回路では，定格電流を50 A以下とする。

3）地絡遮断装置[7]

　60 Vを超える低圧電路には，電路に地気が生じたとき，自動的に電路を遮断する装置を設けることが望ましい。ただしC種接地工事または，D種接地工事の接地抵抗値が3Ω以下の場合はこの限りではない。なお，防災対策上重要な回路については，電路に地気が生じても，電路を遮断しない対策を講じることが望ましい。

4）配線の方式

　配線の方式は，合成樹脂管，金属管，ケーブルラック，ケーブルダクト，トレンチおよびコンクリートトラフなどがあるが，敷設場所の断面形状および維持管理などを考慮して計画するのがよい。

　また，区分開閉器およびELCB（漏電遮断器）盤の設置にあたっては，トンネル延長などを考慮して決定する必要がある。

(3) 耐火の方策

　トンネル内で火災が発生した場合，重大な事故に発展するおそれがある。このため，停電時照明への露出管内配線およびケーブルラック上の配線等は，必要な耐火の方策を施す必要がある。

　ただし，蓄電池とインバータを内蔵した照明器具を設置する場合は除くものとする。なお，停電時照明の一部に耐火ケーブルを配線する例を下記に示す。

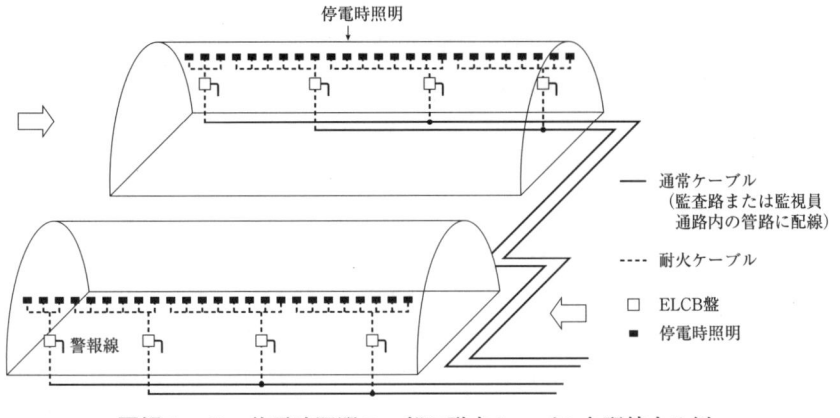

図解7-6　停電時照明の一部に耐火ケーブルを配線する例

7-4 施 工

道路照明施設の施工は，設計条件に基づく所要の性能および機能を満足するように行うものとする。なお，道路・トンネル本体工および他の施設との工程等を十分調整し実施するものとする。
　また，交通の安全および他の構造物への影響に留意し，安全かつ確実に施工しなければならない。

【解　説】
(1) 施工上の留意事項
　道路照明施設の施工は，法令，基準等の遵守はもとより，設計条件に基づき性能および機能等を満足するように行うものとする。施工場所は他の工事と輻輳する場合があるため，工程等十分調整を行い，事故等を未然に防止して実施するものとする。
　また，施工に際しては，交通の安全や他の構造物への影響に留意し，安全かつ確実に行わなければならない。

(2) その他留意事項
　1) ポールの基礎
　　ポールの基礎の設計は，「道路付属物の基礎について」（昭和50年7月15日付　建設省道企発第52号）を参考にするとよい。
　2) ポールの設置
　　ポールは定められた位置に建柱する必要がある。なお，ポールには管理番号等を記入した銘板を必要に応じて取付けるのがよい。ただし，周囲の状況や埋設物の関係で埋め込み深さが限定される場合，軟弱地盤や岩盤などが特殊な場合等，上記通達の設計条件と著しく異なる場合には別途に設計を行う必要がある。
　3) 灯具の取付
　　灯具の目的は，光を有効適切に利用することにあり，特に不揃いがあったりすると美観上はもとより灯具の配光等光学的特性が失われる。また取付不備による灯具の落下は重大な事故に波及するおそれがあるので，灯具の取付には十分注意する必要がある。
　　ⅰ) 灯具は定められた取付位置，取付角度で強固に取付ける必要がある。

ⅱ）トンネルなどについては取付金物を用いて堅固に取付ける必要がある。灯具の直下または壁面などの見やすい個所に管理番号などを記入した銘板を取付けることが望ましい。

4）配電盤等の取付

ⅰ）配電盤はアンカーボルト等により堅固に取付ける必要がある。また，ボルト締め後はコーキング剤を注入し，漏水に対する処理を行う必要がある。

ⅱ）配電盤と電線管との接合部は歪みをなくし，コーキング材等により防水処理を行う必要がある。

5）配管・配線

ⅰ）電線管は，灯具およびポールの配置に合わせて堅固に取付ける必要がある。

ⅱ）ケーブルラック上の配線は，整然と並べ一定間隔で結束を行う必要がある。

ⅲ）幹線から灯具への分岐は，プレハブケーブルまたは分岐ボックスを使用する必要がある。

6）測定・試験

全施工完了後，原則として下記項目を行うものとする。

(イ) 接地抵抗測定

(ロ) 絶縁抵抗測定

(ハ) 端子電圧測定

(ニ) 点灯試験

不点等の無いことを確認の後，制御装置等により手動および自動にて運用時の動作確認を行う必要がある。

第7章　参考文献

1）建設省土木研究所ほか：トンネル内の新照明方式に関する共同研究報告書 道路トンネルのカウンタービーム照明設計ガイドライン（案），P. 21，（共同研究報告書 整理番号177号 1997年3月）.

2）国際照明委員会： Calculation and Measurement of Luminance in Road Lighting 2nd, CIE Pub. No. 30.2-1982.

3）国際照明委員会：Road Surfaces and Lighting, CIE Pub. No. 66-1984.

4）国際照明委員会： Glare and Uniformity in Road Lighting Installations, CIE Pub. No. 31-1976.

5）（社）日本電気協会 電気技術調査委員会：内線規定，P.34，2005年10月．
6）経済産業省 原子力安全・保安院：電気設備技術基準の解釈について，第5章，第1節，171条 分岐回路の施設，2001年3月．
7）経済産業省 原子力安全・保安院：電気設備技術基準の解釈について，第1章，第4節，40条 地絡遮断装置等の施設，2001年3月．

第8章 検　　　査

8－1　検　　　査

> 道路照明施設が所定の性能および機能を満足していることを確認するため，各段階において必要な検査を行うものとする。

【解　説】
　検査は，道路照明施設が所定の性能および機能を満足していることを確認するものであり，各段階において必要な検査を行う必要がある。各段階において必要な検査とは，性能および機能の確認を目的として行う設計の検査，および施工の検査をいう。
　検査の方法は，設計および工事に関する共通仕様書等によるほか，関連する諸規定等により検査方案書等を作成し，これに基づき検査を実施するのがよい。
(1) 設計の検査
　設計の検査は，所定の項目に対して設計の内容が性能および機能を満足していることを確認する。性能を満たすことはもとより，関連法令，経済性を含めて検査するものとする。
(2) 施工の検査
　施工の検査は，「電気通信設備工事共通仕様書」（国土交通省大臣官房技術調査課電気通信室）等に基づいて実施し，器材の検査を行うとともに，出来形，品質の検査を行うものである。
　器材の検査は，それぞれの器材について規定された品質基準を満足していることを，工場検査，受渡検査等を行い確認する。器材の検査には，外観検査，機能検査，性能検査等があり，それぞれの検査項目の詳細は，日本工業規格（JIS）等に定められた試験方法によるものとする。
　出来形，品質の検査は，完成時はもちろん施工中でないとできない検査項目もあり，施工途中段階でも必要に応じて性能および機能の確認のための検査を行うものとする。
　なお，道路照明施設の施工時に行う性能確認については，「8－2　性能の確認」で詳述する。

8-2 性能の確認

> 性能の確認は下記に示す項目とする。なお，性能の確認方法は輝度または照度測定を原則とする。
> (1) 平均路面輝度
> (2) 輝度均斉度（総合均斉度）
> (3) 視機能低下グレア（相対閾値増加）
> (4) 誘導性

【解 説】
　道路照明施設の性能の確認は，第3章および，第5章に規定する性能の基準を満たすことを道路管理者が確認する必要がある。確認が必要な性能指標は，原則として平均路面輝度，輝度均斉度（総合均斉度），視機能低下グレア（相対閾値増加）および誘導性とする。
　道路照明施設の性能の確認方法は，照度測定から求めた値が規定値に適合していることを確認することを原則とする。なお，輝度を直接測定する方法もあるが，照度の測定値を輝度に換算して確認してもよい。ここで，測定を"原則"としたのは，現地の状況から測定が困難と判断される場合には，部分的な測定や計算等によって性能を確認するなど，これまでの施工実績や照明設備の規模等を勘案して，道路管理者が適切な確認方法を選定できることを考慮したものである。

（1）平均路面輝度
　平均路面輝度L_rは，照度測定により得られた逐点照度から平均路面照度E_rを算出し，これを平均照度換算係数Kで除した値とする。なお，平均照度換算係数Kは7-2に示す値を用いる。
　なお，完成直後の測定値は初期値であり，規定値は供用中に維持すべき平均路面輝度であることから，設計で採用した保守率Mを測定値（初期値）に乗じた平均路面輝度L_rが規定値以上であることを確認する。

$$L_r = \frac{E_r}{K} \cdot M \qquad (\text{cd/m}^2) \quad\cdots\cdots\cdots\cdots\cdots\cdots\cdots\cdots\cdots\cdots\cdots\cdots (8.1)$$

ここに，L_r：平均路面輝度（cd/m²）

E_r ：平均路面照度（lx）
K ：平均照度換算係数（lx/cd/m²）
M ：保守率

　照度測定はJIS C 7612 照度測定方法に準じて行うものとし，測定要領の事例を付録5に示す。

　平均路面輝度は，路面輝度を測定して性能の確認を行うことが望ましいが，照度測定による方法を採用したのは次の理由による。

1) 設計においては，標準化された路面の光反射特性を採用していること
2) 現地の路面の光反射特性は，供用後の経過時間や乾湿の状態によって影響を受け，最小輝度を測定するような"部分"の輝度レベルでは1) の標準化された路面とは相違する場合が多いこと
3) 2) で述べたとおり，現地の路面の光反射特性には変動要素があるが，一定の被照面で平均した路面輝度（平均路面輝度）を舗装の耐用期間内の平均的な特性でとらえた場合には，1) の標準化された路面の光反射特性と概ね一致すると判断されること

（2）輝度均斉度（総合均斉度）

　輝度均斉度は総合均斉度により確認を行うものとし，総合均斉度は計算により，規定値以上であることを確認することを原則とする。

　計算方法は「7－2　照明設計（2）照明計算　3）逐点法による輝度計算」によるものとする。また，計算は道路照明施設の完成状態を対象とし，施工の検査により得られた灯具位置，灯具間隔，灯具高さおよび取付角度等を用いる。

　なお，総合均斉度の計算により得られた輝度分布を照度分布に置き換えて，（1）で行った照度測定結果から求めた照度分布と照合する方法を用いてもよいが，照度測定にはバラツキを生じやすいことを充分に考慮して照合する必要がある。

（3）視機能低下グレア（相対閾値増加）

　視機能低下グレアは，相対閾値増加により確認を行うものとし，相対閾値増加は計算により，規定値以下であることを確認することを原則とする。

　計算方法は「7－2　照明設計（2）照明計算　4）相対閾値増加の計算」によるものとする。視機能低下グレアは，道路照明施設の完成時に実施される施工の検査において得られた灯具位置，取付間隔および取付角度等が，設計段階と相違する場合に計算を行うものとする。

　相対閾値増加は，平均路面輝度と等価光幕輝度の測定値から算出することが望ましい

が，平均路面輝度の測定上の問題は（1）で示したとおりであり，等価光幕輝度の測定は，測定方法が煩雑なうえ，外光の影響を大きく受けることから，一般的な現地測定で性能を確認することは困難である。このため，計算による確認方法を原則とすることとした。

（4）誘　導　性

誘導性は，道路照明施設が運転者に道路の線形を明示する効果をいい，この効果には視覚的誘導効果および光学的誘導効果がある。視覚的誘導効果は，運転者に道路照明によって照らされた路面や区画線等が見えることで得られる誘導効果であることから，前述の（1）平均路面輝度および（2）輝度均斉度が規定値以上であることの確認をもってこれに代えることができる。光学的誘導効果は，運転者の視野内にある灯具の配置が見えることで得られる誘導効果であることから，灯具の配置がその道路線形に合っていることを目視にて確認するものとする。

（5）そ　の　他

第4章　局部照明の交差点，横断歩道，歩道等およびその他の場所や，第5章　トンネル照明のうち，特殊構造部については，平均路面照度および必要に応じて照度均斉度を確認するものとし，確認方法は照度測定を原則とする。

1）平均路面照度は，照度測定によって得られた逐点照度から平均値（初期値）を求める。なお，完成直後の測定値は初期値であるため，それに保守率を乗じた値が，推奨値以上であることを確認するものとする。

2）照度均斉度は，照度測定により得られた最小照度と1）で得られた平均路面照度から算出して，推奨値を満足することを確認するものとする。

　　ただし，最小照度の測定には，バラツキを生じやすいことを考慮する必要がある。

第9章 維持管理

9−1 概　　説

> 道路照明施設は，安全で円滑な視環境を確保するため，維持管理を適切に行うものとする。なお，維持管理には点検，清掃，補修，記録を含めるものとする。

【解　説】
　道路照明施設には，利用者に交通の安全と円滑な視環境を提供する連続照明，局部照明，トンネル照明の各施設がある。これらの照明施設は，設置されている環境等によって維持管理の方法が異なるため，維持管理にあたっては，交通の状況や周辺環境等を踏まえた総合的な判断が必要であり，道路照明施設としての機能を十分発揮させることができるように適切に実施する必要がある。
　なお，この際，点検要領や点検・整備チェックシート[1]等を用いるとよい。
　また，実際に維持管理における点検や清掃，補修を行う際には，関係法規を遵守するとともに関係機関と十分に協議を行い，作業の安全確保に努める必要がある。

9−2 点　　検

> 道路照明施設は，その機能の低下や損傷を把握し，清掃および補修による機能維持を的確に実施するために点検を行うものとする。
> また，台風等の異常な気象や地震などの後には，必要に応じて道路照明施設の点検を実施するものとする。

【解　説】
　点検にあたっては，道路照明施設の構造，機能および補修履歴を十分理解し，留意すべき点をあらかじめ把握しておくことが望ましい。ただし，自家用電気工作物について

は自家用電気工作物保安規程の定めるところによるものとする。
　道路照明施設の点検項目および点検にあたっての留意点は，下記によることが望ましい。

（1）点検項目

　1）点灯状況
　　(イ)　点灯を要する時の不点灯，点灯を要しない時の点灯
　　(ロ)　照度等

　2）灯　　具
　　(イ)　照明カバーと本体の取付状況
　　(ロ)　灯具とポールまたは灯具と取付金具の取付状況
　　(ハ)　灯具内外面の汚れの程度
　　(ニ)　損傷（腐食，亀裂等）の有無

　3）ポールおよび基礎
　　(イ)　ポールの傾斜およびわん曲の有無
　　(ロ)　ポールと基礎の取付状況
　　(ハ)　損傷（腐食，亀裂等）の有無

　4）配線および配電機器
　　(イ)　絶縁抵抗の状態
　　(ロ)　配電盤の状況，配線ケーブルの接続コネクタ・端子の破損の有無
　　(ハ)　安定器の異常の有無，調光用リレーの動作状況
　　(ニ)　マンホールおよびハンドホールの取付状況，排水状況

　なお，点検頻度については，道路照明施設の劣化の進行度合いが設置位置，気象，交通量，周辺環境等の条件により異なることから，これらの条件を考慮して適切に設定するのがよい。
　また，台風等の異常な気象や地震などの後には，必要に応じて道路照明施設の点検を実施するものとする。

（2）点検にあたっての留意点

　1）点灯状況
　　　点灯を要する時の不点灯，点灯を要しない時の点灯がある場合または照度の低下が目視で判断できる場合は，その原因がヒューズ断，光源・安定器の不良，自動点滅器の不良等いずれによるものか調査する必要がある。

維持すべき照明効果が得られているか否かを客観的に判断するには，照明レベルの測定を行うのが一般的である。照明レベルは平均路面輝度により規定値，または照度により推奨値が示されているが，路面輝度を直接測定することは通常の維持管理作業では困難なので，これに代わるものとして平均路面照度を測定し，これを平均照度換算係数で除した値が平均路面輝度の規定値以上であることを確認すればよい。平均路面照度は，その分布についても把握することが望ましいが，供用開始前に照度の分布を含む詳細な測定を行っておき，それ以降の維持管理作業においてはその中から全体の傾向を表す代表的な地点のみ測定を行ってもよい。

　なお，輝度均斉度，視機能低下グレア，誘導性については，「第8章 検査 8-2 性能の確認」に基づき確認することが望ましいが，平均路面輝度が規定値を満たす範囲においては，輝度均斉度，視機能低下グレア，誘導性の変化はないと考えられるため，これらの確認は省略してもよい。

　トンネル照明については，排気ガス等による壁面の汚れにより視環境が悪化する場合があるため，適切な時期に視環境を確認することが望ましい。

2) 灯　　具

　取付部やポール等の支持物の振動または他の要因により取付ボルトが緩み，灯具やボルトの落下，取付角度のずれが生じる場合があるので，それらの点に注意する必要がある。

　また，灯具にキズや腐食があると，通行車両の排気ガスやトンネル内部の湿気などを要因とする錆が発生しやすくなり，灯具の劣化が進行することがある。よって，キズや腐食についても注意する必要がある。

3) ポールおよび基礎

　コンクリートを基礎として直接ポールを埋め込んでいる場所ではポールと基礎の定着部の緩みが生じることはまれであるが，ベースプレートを使用している場所ではボルト・ナットの緩みが生ずる場合があるので注意する必要がある。

　なお，長大橋や高架構造部においては，通行車両による振動や風力によるねじれなどにより，ポール（灯具を含む）の劣化が助長されることがあるため，ポール（灯具を含む）の損傷や基礎のクラックについて特に注意する必要がある。

　また，ポール地際部は，他の部分に比較して腐食により劣化している場合があるので注意しなければならない。なお，積雪寒冷地では，路面の凍結防止のための凍結防止剤を散布することから特に注意が必要である。

4）配線および配電機器

　　配電盤の防水が不完全な場合は内部に水滴ができ配電盤の寿命を縮め，または諸計器内配線の劣化と接続点不良を生じるおそれがあるので注意しなければならない。安定器等の異常の有無は，異常音，過熱，異常臭によって判断できることもある。

　　マンホール，ハンドホール内の排水が完全に行われないと電線等の絶縁劣化を早めるおそれがあるので排水には注意する必要がある。

9－3　清掃および補修

> 　道路照明施設は，点検によりその機能の低下や損傷が確認された場合，所要の機能を十分に発揮できるように清掃あるいは補修を行うものとする。

【解　説】

　点検により，道路照明施設の損傷，点灯を要する時の不点灯，点灯を要しない時の点灯，灯具の汚れ等を発見したときは，補修あるいは清掃を実施し，道路照明の機能を十分発揮できるようにしておく必要がある。

　清掃および補修にあたっては，以下の点に留意するものとする。

（1）清　　掃

　灯具内外面の汚れは，路面の輝度を下げるので，灯具の目視点検結果あるいは照度測定結果に基づき清掃を行うものとする。

　清掃は，所要の照明レベルを満足するよう実施する必要がある。

　道路照明施設はじんあい，排気ガス等が付着し汚れるので，汚れの程度により清掃方法を決めるものとする。洗剤を使って洗浄した場合は，必ず清浄な水で洗い落とす必要がある。また清掃する場合，照明カバー，反射板等に損傷を与えないよう十分注意する必要がある。

（2）補　　修

　点検において不良箇所を発見した場合は，必要に応じて補修を実施するのがよい。

　　1）光源の交換

　　　点灯状況の点検結果および光源の寿命を考慮して，光源の交換方式を決定し，それに従って光源の交換を実施する必要がある。

光源の交換方式には，以下に示すように個別交換方式，一斉集団交換方式，個別集団交換方式，部分集団交換方式があるが，実施にあたっては，それぞれの交換方式の特徴をよく理解し，光源の寿命を考慮して，最適な方式を採用する必要がある。

(イ) 個別交換方式：不点灯の光源をその都度個々に交換する。

(ロ) 一斉集団交換方式：一定時間経過後，点灯，不点灯に関係なく全部の光源を交換する。

(ハ) 個別集団交換方式：一斉集団交換の時期がくるまえに不点灯光源の個別交換を行い，一定時間経過後一斉に集団交換する。

(ニ) 部分集団交換方式：ある数が不点灯になった場合，その部分の光源を交換する。

2）塗　　　装

塗装は塗膜や溶融亜鉛めっきなどの表面処理材の劣化状況に応じて実施する必要がある。また，擦傷により表面処理材がはく離した場合は，速やかに塗装を実施する必要がある。

交通量の多い場所，都市部および塩害を受けやすい海岸部等では表面処理材の劣化が早いので，交通状況や周辺環境等を勘案し，必要に応じて塗装の重ね回数を多くするのがよい。なお，再塗装する場合は，錆を完全に落として実施する必要がある。

3）配線および配電機器

配線の絶縁不良および配電機器の制御機能不良は照明灯の不点灯につながるため，その原因をつきとめ，補修する必要がある。

9-4　記　　　録

道路照明施設の維持管理を適切に行うため，道路照明施設の管理番号，その他必要事項を台帳などに記録しておくものとする。

また，点検や清掃および補修を実施した場合は，補修の理由を含めその内容を台帳などに記録するものとする。

【解　説】

道路照明施設を設置した場合，その後の維持管理を適切に行うため，台帳などを作成し，道路照明施設の管理番号，設置場所の距離標，完成年月，照明器具，ポール，基礎，

配電機器等の構造など必要事項を記録する必要がある。

　点検や清掃および補修を実施した場合は，日付，内容等を台帳などに記録する必要がある。なお，補修を実施した場合は，故障原因等の補修の理由も記録するものとする。

　点検を漏れなく確実に行い，不良箇所を記録しておくために，点検リストを作成し，点検結果を台帳などに記録しておくことが望ましい。

　これらの記録を基に，機器毎の故障原因，頻度等を分析し措置することによって，機器の故障を未然に防ぐことが可能となる。

　台帳（道路照明台帳）の例を付録6に示す。

第9章　参考文献

1）（社）日本道路協会：道路トンネル維持管理便覧，1993年11月．

付　録

付録1　照明設計の手順 …………………………………………………………133
付録2　設　計　例 ………………………………………………………………138
　2－1　設計例の概要 …………………………………………………………138
　2－2　光源および安定器の概要 ……………………………………………138
　2－3　設計例Ⅰ－1　連続照明：主要幹線道路 …………………………140
　2－4　設計例Ⅰ－2　連続照明：幹線・補助幹線道路 …………………144
　2－5　設計例Ⅱ－1　交差点の照明：往復2車線道路の交差点 ………146
　2－6　設計例Ⅱ－2　交差点の照明：往復4車線道路の交差点 ………148
　2－7　設計例Ⅲ－1　横断歩道の照明：歩行者の背景を照明する方式 ……150
　2－8　設計例Ⅲ－2　横断歩道の照明：歩行者自身を照明する方式 ………151
　2－9　設計例Ⅳ－1　歩道等の照明：連続照明がある場合 ……………154
　2－10　設計例Ⅳ－2　歩道等の照明：単独で歩道等の照明を設置する場合…156
　2－11　設計例Ⅴ－1　トンネル照明：設計速度60 km/h，輝度低減なし …158
　2－12　設計例Ⅴ－2　トンネル照明：設計速度40 km/h，輝度低減なし …177
付録3　平均路面輝度と輝度均斉度 ……………………………………………195
付録4　野外輝度の設定について ………………………………………………198
付録5　測定要領 …………………………………………………………………204
付録6　道路照明台帳の例 ………………………………………………………212

目 次

付録1　照明設計の手順

　道路照明施設の設計手順は，各照明施設の要件を満足する規定値および推奨値を所定の計算手法により算出し，経済性等を総合的に検討し決定するものである。
　各照明施設の一般的な設計手順を示すと以下のとおりである。

1-1　連続照明

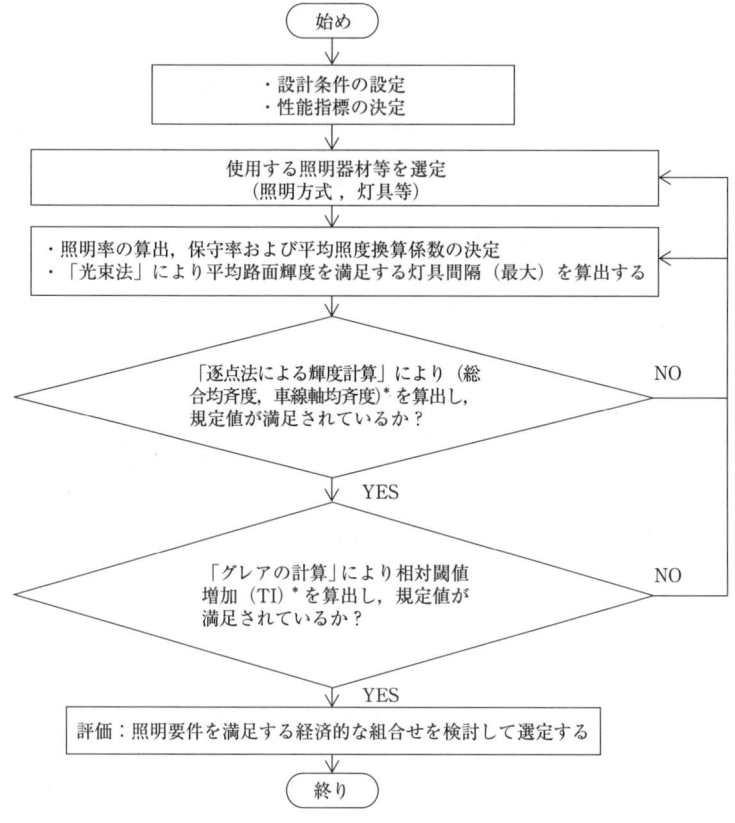

```
                    ┌─────┐
                    │ 始め │
                    └──┬──┘
                       ↓
            ┌──────────────────────┐
            │ ・設計条件の設定       │
            │ ・性能指標の決定       │
            └──────────┬───────────┘
                       ↓
            ┌──────────────────────┐
            │ 使用する照明器材等を選定 │←──────┐
            │   (照明方式，灯具等)    │        │
            └──────────┬───────────┘        │
                       ↓                    │
    ┌──────────────────────────────────┐    │
    │ ・照明率の算出，保守率および平均    │←──┤
    │   照度換算係数の決定                │    │
    │ ・「光束法」により平均路面輝度を     │    │
    │   満足する灯具間隔(最大)を算出する   │    │
    └──────────────┬───────────────────┘    │
                   ↓                        │
            ╱「逐点法による輝度╲                │
           ╱ 計算」により(総合 ╲  NO            │
          ╱  均斉度，車線軸均   ╲──────────────┤
          ╲  斉度)*を算出し，   ╱                │
           ╲ 規定値が満足されて╱                 │
            ╲  いるか？       ╱                  │
                   │ YES                         │
                   ↓                             │
            ╱「グレアの計算」╲                    │
           ╱ により相対閾値   ╲  NO               │
          ╱  増加(TI)*を算出し，╲──────────────┘
          ╲  規定値が満足され  ╱
           ╲ ているか？      ╱
                   │ YES
                   ↓
    ┌──────────────────────────────────┐
    │ 評価：照明要件を満足する経済的な    │
    │       組合せを検討して選定する      │
    └──────────────┬───────────────────┘
                   ↓
                ┌─────┐
                │ 終り │
                └─────┘
```

付図1-1　連続照明の設計手順

1-2 交差点の照明

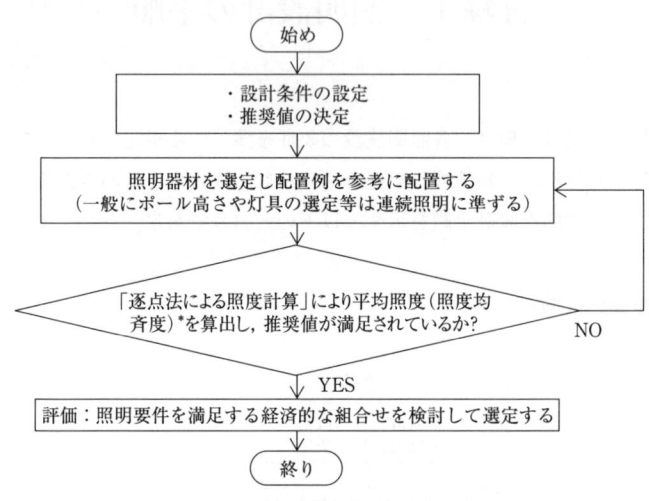

```
          ┌─────┐
          │ 始め │
          └──┬──┘
             ▼
   ┌─────────────────────┐
   │ ・設計条件の設定      │
   │ ・推奨値の決定        │
   └─────────┬───────────┘
             ▼
   ┌───────────────────────────────────────┐
   │ 照明器材を選定し配置例を参考に配置する      │◄──────┐
   │ (一般にポール高さや灯具の選定等は連続照明に準ずる) │      │
   └─────────┬─────────────────────────────┘      │
             ▼                                      │
       ┌─────────────┐                              │
       │「逐点法による照度計算」により平均照度(照度均 │ NO
       │ 斉度)*を算出し,推奨値が満足されているか?    ├──────┘
       └─────┬───────┘
             │ YES
             ▼
   ┌───────────────────────────────────────┐
   │ 評価:照明要件を満足する経済的な組合せを検討して選定する │
   └─────────┬─────────────────────────────┘
             ▼
          ┌─────┐
          │ 終り │
          └─────┘
```

付図1-2　交差点照明の設計手順

1-3 横断歩道の照明

1) 歩行者の背景を照明する方式

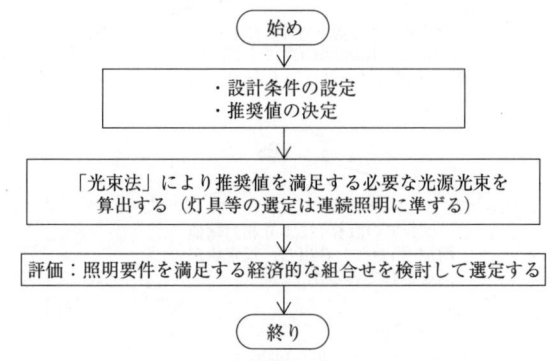

```
          ┌─────┐
          │ 始め │
          └──┬──┘
             ▼
   ┌─────────────────────┐
   │ ・設計条件の設定      │
   │ ・推奨値の決定        │
   └─────────┬───────────┘
             ▼
   ┌───────────────────────────────────────┐
   │「光束法」により推奨値を満足する必要な光源光束を │
   │ 算出する(灯具等の選定は連続照明に準ずる)      │
   └─────────┬─────────────────────────────┘
             ▼
   ┌───────────────────────────────────────┐
   │ 評価:照明要件を満足する経済的な組合せを検討して選定する │
   └─────────┬─────────────────────────────┘
             ▼
          ┌─────┐
          │ 終り │
          └─────┘
```

付図1-3　横断歩道照明の設計手順

2）歩行者自身を照明する方式

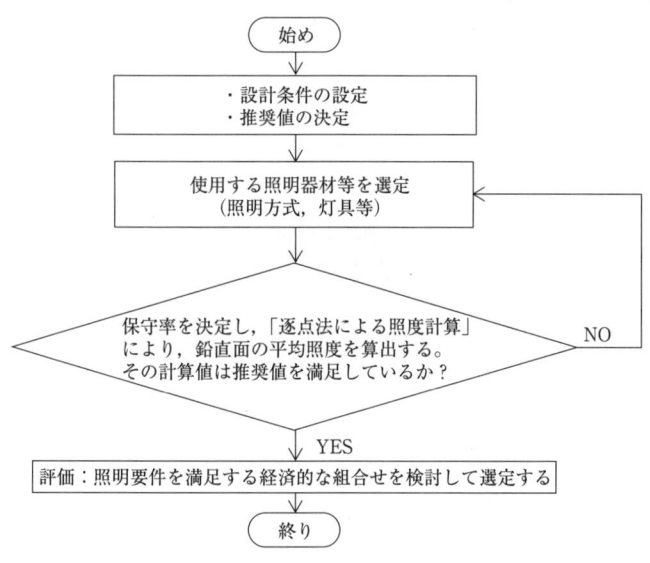

```
           ┌─────┐
           │ 始め │
           └──┬──┘
              ▼
     ┌─────────────────┐
     │ ・設計条件の設定 │
     │ ・推奨値の決定   │
     └─────────┬───────┘
               ▼
     ┌─────────────────────┐
     │ 使用する照明器材等を選定 │ ◄──────┐
     │  （照明方式，灯具等）   │        │
     └─────────┬───────────┘        │
               ▼                    │
     ╱─────────────────────╲        │
    ╱ 保守率を決定し，「逐点法 ╲       │
    ╲ による照度計算」により， ╱ NO    │
     ╲鉛直面の平均照度を算出する╱──────┘
     ╲推奨値を満足しているか？╱
               │ YES
               ▼
     ┌──────────────────────────────────┐
     │評価：照明要件を満足する経済的な組合せを検討して選定する│
     └─────────────┬────────────────────┘
                   ▼
                ┌─────┐
                │ 終り │
                └─────┘
```

付図1－4　横断歩道照明の設計手順

1－4　歩道等の照明

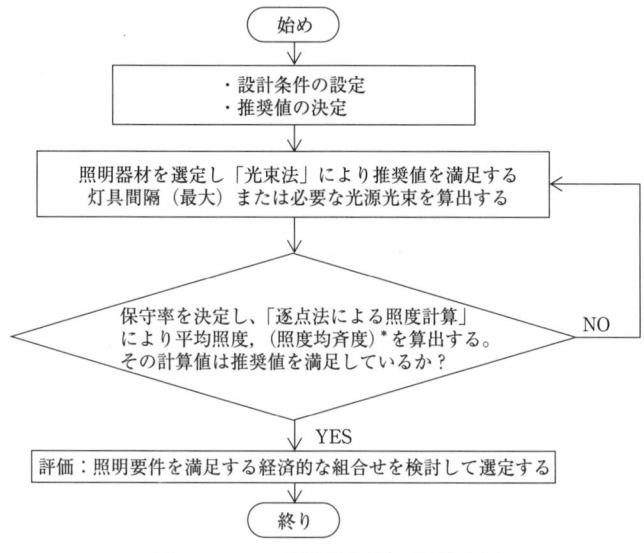

```
           ┌─────┐
           │ 始め │
           └──┬──┘
              ▼
     ┌─────────────────┐
     │ ・設計条件の設定 │
     │ ・推奨値の決定   │
     └─────────┬───────┘
               ▼
  ┌──────────────────────────────────┐
  │ 照明器材を選定し「光束法」により推奨値を満足する │◄────┐
  │ 灯具間隔（最大）または必要な光源光束を算出する   │     │
  └─────────────┬────────────────────┘     │
                ▼                          │
     ╱──────────────────────╲              │
    ╱ 保守率を決定し，「逐点法  ╲             │
    ╲ による照度計算」により平均 ╱ NO         │
     ╲照度，(照度均斉度)＊を算出する╱─────────┘
      ╲その計算値は推奨値を満足しているか？╱
               │ YES
               ▼
     ┌──────────────────────────────────┐
     │評価：照明要件を満足する経済的な組合せを検討して選定する│
     └─────────────┬────────────────────┘
                   ▼
                ┌─────┐
                │ 終り │
                └─────┘
```

付図1－5　歩道等照明の設計手順

1−5 トンネル照明（基本照明）

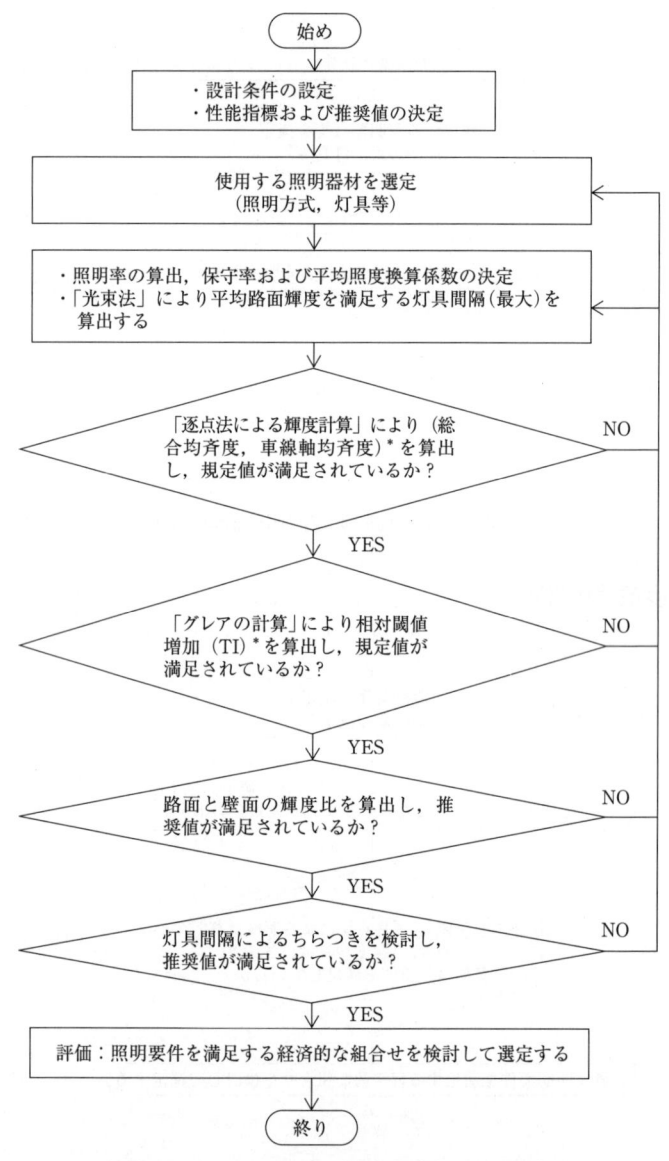

```
         ┌─────────┐
         │   始め   │
         └────┬────┘
              ▼
   ┌──────────────────────────┐
   │ ・設計条件の設定              │
   │ ・性能指標および推奨値の決定    │
   └──────────┬───────────────┘
              ▼
   ┌──────────────────────────┐
   │   使用する照明器材を選定       │◄──────┐
   │   （照明方式，灯具等）         │       │
   └──────────┬───────────────┘       │
              ▼                         │
   ┌──────────────────────────────┐   │
   │ ・照明率の算出，保守率および平均照度  │   │
   │  換算係数の決定                  │◄──┤
   │ ・「光束法」により平均路面輝度を満足   │   │
   │  する灯具間隔(最大)を算出する       │   │
   └──────────┬───────────────────┘   │
              ▼                          │
         ╱─────────╲                    │
        ╱「逐点法による╲                   │
       ╱ 輝度計算」により ╲    NO           │
      ╱（総合均斉度，車線軸╲────────────────┤
       ╲均斉度)*を算出し，╱                 │
        ╲規定値が満足され╱                  │
         ╲ているか？  ╱                    │
           ╲──┬──╱                       │
              │ YES                        │
              ▼                            │
         ╱─────────╲                      │
        ╱「グレアの計算」╲    NO              │
       ╱ により相対閾値増 ╲────────────────┤
       ╲加(TI)*を算出し，╱                  │
        ╲規定値が満足され╱                   │
         ╲ているか？  ╱                     │
           ╲──┬──╱                        │
              │ YES                         │
              ▼                             │
         ╱─────────╲                       │
        ╱ 路面と壁面の  ╲    NO               │
       ╱ 輝度比を算出し， ╲─────────────────┤
       ╲推奨値が満足され ╱                    │
        ╲ているか？    ╱                     │
           ╲──┬──╱                         │
              │ YES                          │
              ▼                              │
         ╱─────────╲                        │
        ╱灯具間隔による╲    NO                 │
       ╱ちらつきを検討し，╲───────────────────┘
       ╲推奨値が満足され ╱
        ╲ているか？   ╱
           ╲──┬──╱
              │ YES
              ▼
   ┌──────────────────────────────┐
   │ 評価：照明要件を満足する経済的な組合 │
   │ せを検討して選定する                │
   └──────────┬───────────────────┘
              ▼
         ┌─────────┐
         │   終り   │
         └─────────┘
```

付図1−6 トンネル（基本照明）の設計手順

入口部照明は野外輝度を設定した後，所要路面輝度を満足する必要光束を算出し，光源の組合せと数量を算出して「光束法」で路面輝度を確認する。
　出口部照明は「1－3　横断歩道の照明　2）歩行者自身を照明する方式」と同様に，使用する照明器材を選定し，「逐点法」により所要の平均鉛直面照度を算出する。そして照明要件を満足する経済的な組合せを検討して選定する。
　特殊構造部の照明は「1－3　横断歩道の照明　1）歩行者の背景を照明する方式」と同様に行うものとする。

　1－1～1－5の手順中（　）*は，器材仕様書および設計要領等にもとづき適正に配置し，性能・機能が満足することを確認した場合には計算を省略することができる。

付録2 設 計 例

2-1 設計例の概要

照 明 施 設		分　　　類	
連 続 照 明		Ⅰ-1	主要幹線道路
		Ⅰ-2	補助幹線道路
局部照明	交差点の照明	Ⅱ-1	往復2車線道路の交差点
		Ⅱ-2	往復4車線道路の交差点
	横断歩道の照明	Ⅲ-1	歩行者の背景を照明する方式
		Ⅲ-2	歩行者自身を照明する方式
	歩道等の照明	Ⅳ-1	連続照明がある場合
		Ⅳ-2	単独で歩道等の照明を設置する場合
トンネル照明		Ⅴ-1	設計速度60km/h，輝度低減なし
			入口部照明（その1：対称照明方式）
			入口部照明（その2：カウンタービーム照明方式）
		Ⅴ-2	設計速度40km/h，輝度低減なし

　具体的設計例を示すにあたり，光源および照明器具などの性能を具体化する必要があるため，この設計例では主として，「道路・トンネル照明器材仕様書」（(社)建設電気技術協会（以降「器材仕様書」という））に示されている諸特性等を用いて設計を行う。

2-2 光源および安定器の概要
　道路照明施設に使用される光源および安定器の概要を下記に示す。

付表2-1 光源の種類と特徴

光源の種類		光色	演色性	温度の影響		調光	瞬時再始動
				効率	始動		
高圧ナトリウムランプ	始動器内蔵形	黄白色	普通	なし	なし	段調光可	不可
	両口金形					段調光可	可
蛍光ランプ	高周波点灯専用形・直管形	白色	良い	あり	あり	連続調光可	可
	高周波点灯専用形・2本管形	白色	良い	あり	あり	連続調光可	可
	高周波点灯専用形・無電極形	白色	良い	あり	あり	段調光可	可
	ラピッドスタート形	白色	良い	あり	あり	連続調光可	可
メタルハライドランプ	低始動電圧形	白色	良い	なし	なし	不可	不可
セラミックメタルハライドランプ		白色	良い	なし	なし	＊	＊
蛍光水銀ランプ		白色	良い	なし	あり	段調光可	不可
低圧ナトリウムランプ		橙黄色	悪い	なし	なし	不可	可
発光ダイオード		白色	良い	あり	あり	可	可

＊セラミックメタルハライドランプは、調光および瞬時再始動に可／不可の両タイプがある

付表2-2 光源別安定器の種類

光源の種類		安定器の種類
高圧ナトリウムランプ	始動器内蔵形	一般高力率形・調光形
	両口金形	一般高力率形・調光形
蛍光ランプ	高周波点灯専用形・直管形	高周波点灯形・調光形
	高周波点灯専用形・2本管形	高周波点灯形・調光形
	高周波点灯専用形・無電極形	高周波点灯形・調光形
	ラピッドスタート形	一般高力率形
メタルハライドランプ	低始動電圧形	一般高力率形
セラミックメタルハライドランプ		一般高力率形・調光形
蛍光水銀ランプ		一般高力率形・定電力形・定電力調光形
低圧ナトリウムランプ		進相形
発光ダイオード		－

2－3 設計例Ⅰ－1　連続照明：主要幹線道路

（1）設計条件
1) 道路分類：主要幹線道路（付図2－1，付図2－2参照）
2) 外部条件：B
3) 路面：アスファルト舗装

（2）性能指標（規定値）
1) 平均路面輝度：主要幹線道路，外部条件Bより，L_r=0.7 cd/m²とする。
2) 輝度均斉度：総合均斉度0.4以上，車線軸均斉度0.5以上（推奨値）とする。
3) 視機能低下グレア：主要幹線道路より，相対閾値増加15％以下とする。
4) 誘導性：適切な視覚的誘導効果および光学的誘導効果が得られること。

（3）照明設計
1) 照明器具：直線形ポールで使用する照明器具（KSHタイプ）
　　　　　　曲線形ポールで使用する照明器具（KSCタイプ）
2) 光源：高圧ナトリウムランプ（NHTおよびNH）

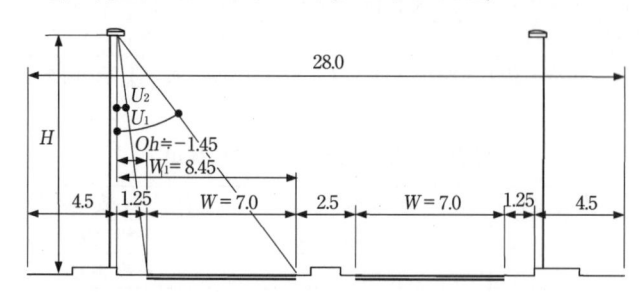

付図2－1　主要幹線道路の道路断面とポール位置（直線形ポール）（単位：m）

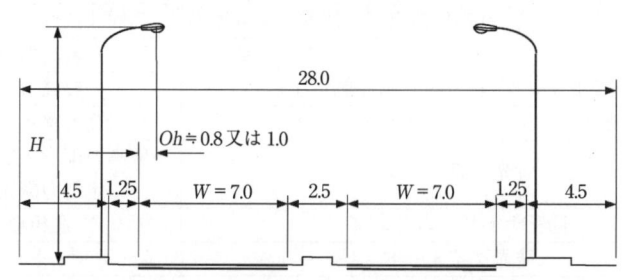

付図2－2　主要幹線道路の道路断面とポール位置（曲線形ポール）（単位：m）

3）灯具の配列：広い中央帯で往復分離されているため，片側配列として取り扱う。
　　　　　　　　$N=1$
4）灯 具 高 さ：10 mおよび12 mとする。
5）平均照度換算係数：路面がアスファルト舗装より，$K=15$ lx/cd/m² とする。
6）照　明　率：「器材仕様書」のKSHタイプおよびKSCタイプの照明率曲線より各灯具の高さと車道幅員から求める。付図2－1において，車道幅員 W に対する照明率 U は，$U=U_1-U_2$ となる。U_1 は幅員 W_1 に対する照明率，U_2 はオーバーハング Oh に対する照明率であるから，KSHタイプ器具と高圧ナトリウムランプ NHT180・L（S）を組合せて，$H=10$ mでは，

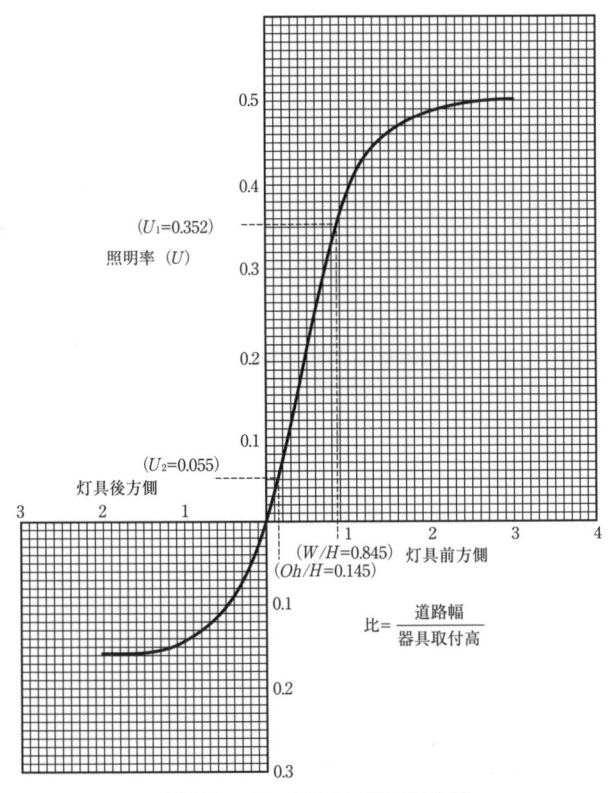

付図2－3　KSHの照明率曲線

$$\frac{W_1}{H} = \frac{8.45}{10} = 0.845$$

付図2－3 KSHの照明率曲線よりU_1=0.352

$$\frac{Oh}{H} = \frac{1.45}{10} = 0.145$$

付図2－3 KSHの照明率曲線よりU_2=0.055

したがって，$U=U_1-U_2$=0.352－0.055=0.297となる。

以降，他の組合せにおいても照明率は同様の方法で算出する。

7) 保　守　率：M=0.65とする。

次に，前記の条件にて照明計算を行う。

① 光束法による灯具間隔の計算

平均路面輝度を満足する灯具間隔Sを光束法により各組合せにおいて計算する。

$$L_r = \frac{F \cdot U \cdot M \cdot N}{S \cdot W \cdot K} \quad (\text{cd/m}^2) \text{ を変形し，}$$

$$S = \frac{F \cdot U \cdot M \cdot N}{L_r \cdot W \cdot K} \quad (\text{m})$$

KSHタイプの照明器具と高圧ナトリウムランプNHT180・L(S)で，高さH=10 mのとき

$$S = \frac{F \cdot U \cdot M \cdot N}{L_r \cdot W \cdot K} = \frac{19,000 \times 0.297 \times 0.65 \times 1}{0.7 \times 7 \times 15}$$

$$\fallingdotseq 49.9 \text{ (m)}$$

② 逐点法による輝度計算

①で求めた灯具間隔において逐点法による輝度計算を行い，総合均斉度U_oと車線軸均斉度U_ℓを算出する。

S'=49 mのとき，U_o=0.37，U_ℓ=0.49となり，総合均斉度0.4以上（規定値）および車線軸均斉度0.5以上（推奨値）を満足できない。灯具間隔を縮めて再計算するとS=40 mのとき，U_o=0.40，U_ℓ=0.72となり，総合均斉度0.4以上（規定値）および車線軸均斉度0.5以上（推奨値）を満足する。

③ 視機能低下グレアの計算

②で輝度均斉度を満足する灯具間隔において相対閾値増加TIを算出する。②

の計算結果$S=40$ mのときに$TI=9.8$ ％となり，規定値である相対閾値増加15 ％以下を満足する。

上記①〜③の計算結果および②，③を満足する灯具間隔により，光束法にて平均路面輝度を計算した結果を付表2－3に示す。

付表2－3　主要幹線道路の計算結果

照明器具	光源※	灯具高さ H (m)	照明率 U	保守率 M	①光束法による灯具間隔 S' (m)	②逐点法による輝度計算 灯具間隔 S (m)	②総合均斉度 $U_o \geq$ 0.4	②車線軸均斉度 $U_\ell \geq$ 0.5	③相対閾値増加 $TI \leq 15$ (％)	平均路面輝度(設計値) $L_r \geq 0.7$ (cd/m²)
KSHタイプ	NHT180·L(S)	10	0.297	0.65	49	40	0.40	0.72	9.8	0.87
		12	0.252	0.65	42	42	0.53	0.81	7.3	0.71
KSCタイプ	NH180F·L(S)	10	0.319	0.65	50	36	0.40	0.76	11.6	0.99
		12	0.284	0.65	45	45	0.46	0.74	10.1	0.70

※光源のNHTおよびNHは，高圧ナトリウムランプを示す

　逐点法による輝度計算の結果，総合均斉度および車線軸均斉度を満足させるために，事前に光束法によって算出された灯具の間隔より縮める場合がある。その結果，設計路面輝度が著しく高くなる場合は，適切な光束を有する光源に変更することが望ましい。

④　誘　導　性

　②で算出された灯具間隔をもとに付図2－4のように灯具の配置を行う。道路構造に照らし合わせ，灯具の取付高さが一定で配置が適切であること，平均路面輝度，輝度均斉度，視機能低下グレアがいずれも規定値および推奨値を満足していることから，適切な視覚的誘導効果および光学的誘導効果が得られていると判断できる。

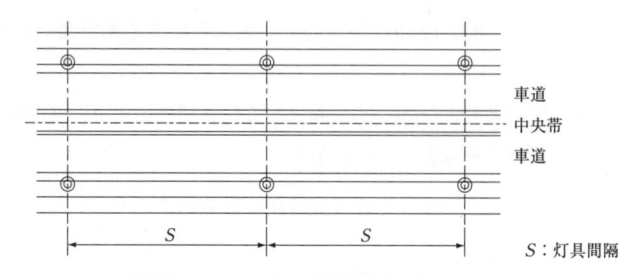

付図2-4　主要幹線道路の灯具の配置図

(4) 評　　価

　平均路面輝度，輝度均斉度および視機能低下グレアは付表2-3より，誘導性は④誘導性より，それぞれ規定値および推奨値を満足する。

2-4　設計例Ⅰ-2　連続照明：幹線・補助幹線道路

(1) 設計条件

　1) 道路分類：補助幹線道路（付図2-5参照）
　2) 外部条件：A
　3) 路　　面：アスファルト舗装

(2) 性能指標（規定値）

　1) 平均路面輝度：補助幹線道路，外部条件Aより，L_r=0.7 cd/m² とする。
　2) 輝度均斉度：総合均斉度U_o=0.4以上とする。
　3) 視機能低下グレア：補助幹線道路より，相対閾値増加TI=15％以下とする。
　4) 誘　導　性：適切な視覚的誘導効果および光学的誘導効果が得られること。

(3) 照明設計

　1) 照明器具：直線形ポールで使用する照明器具（KSHタイプ）
　　　　　　　　曲線形ポールで使用する照明器具（KSCタイプ）
　2) 光　　源：高圧ナトリウムランプ（NHTおよびNH）
　3) 灯具配列：片側配列または千鳥配列とする。N=1
　4) 灯具高さ：8 mおよび10 mとする。
　5) 平均照度換算係数：K=15 lx/cd/m²とする。
　6) 照　明　率：「器材仕様書」のKSHタイプおよびKSCタイプの照明率表より各灯具の高さと幅員から求める。
　7) 保　守　率：M=0.7とする。

(a) 直線形ポール　　　　　　　(b) 曲線形ポール

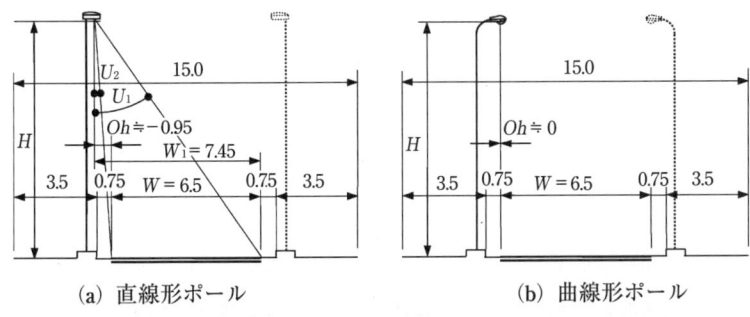

付図2－5　補助幹線道路の道路断面とポール位置（単位：m）

次に，上記の条件にて，「設計例Ⅰ－1　連続照明：主要幹線道路」と同様に照明計算を行う．

① 光束法による灯具間隔
② 逐点法による輝度計算
③ 視機能低下グレアの計算

上記①～③の計算結果および②，③を満足する灯具間隔により，光束法にて平均路面輝度を計算した結果を付表2－4に示す．

付表2－4　補助幹線道路の計算結果

灯具の配列	照明器具	光源 ※	灯具高さ H (m)	照明率 U	保守率 M	①光束法による灯具間隔 S' (m)	②逐点法による輝度計算 灯具間隔 S (m)	②総合均斉度 $U_o \geq$ 0.4	②車線軸均斉度 $U_\ell \geq$ 0.5	③相対閾値増加 $TI \leq 15$ (%)	平均路面輝度（設計値）$L_r \geq 0.7$ (cd/m²)
片側配列	KSHタイプ	NHT110·L(S)	8	0.334	0.7	35	35	0.43	0.51	11.8	0.71
		NHT180·L(S)	10	0.278	0.7	54	47	0.41	0.50	10.6	0.81
	KSCタイプ	NH180F·L(S)	10	0.280	0.7	51	36	0.40	0.77	11.6	1.01
千鳥配列	KSHタイプ	NHT110·L(S)	8	0.334	0.7	35	34	0.41	0.40	11.3	0.73
		NHT180·L(S)	10	0.278	0.7	54	48	0.40	0.32	10.8	0.79
	KSCタイプ	NH180F·L(S)	10	0.280	0.7	51	48	0.43	0.33	13.8	0.75

※光源のNHTおよびNHは，高圧ナトリウムランプを示す

逐点法による輝度計算の結果，総合均斉度を満足させるために，事前に光束法によって算出された灯具間隔より縮める場合がある。その結果，路面輝度が著しく高くなる場合は，適切な光束を有する光源に変更することが望ましい。

④ 誘 導 性

②で算出された灯具間隔をもとに，付図2－6のように灯具の配置を行う。道路構造に照らし合わせ，灯具高さが一定で配置が適切であること，平均路面輝度，輝度均斉度，視機能低下グレアがいずれも規定値を満足していることから，適切な視覚的誘導効果および光学的誘導効果が得られていると判断できる。

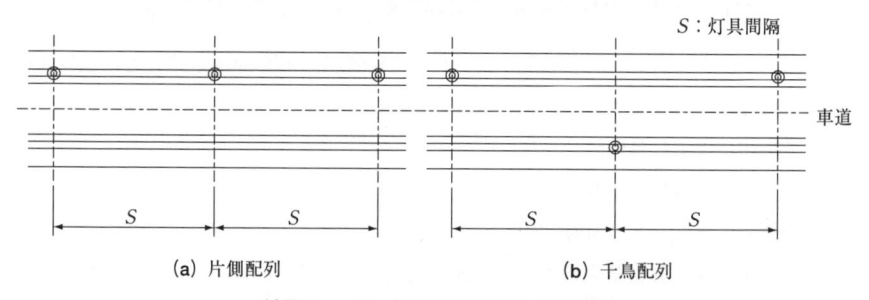

S：灯具間隔

(a) 片側配列　　　(b) 千鳥配列

付図2－6　補助幹線道路の配置図

(4) 評　　価

平均路面輝度，輝度均斉度および視機能低下グレアは付表2－4より，誘導性は④誘導性より，それぞれ規定値を満足する。

2－5　設計例Ⅱ－1　交差点の照明：往復2車線道路の交差点

交差点の照明は，自動車の前照灯効果の及ばないところを補い，交差点に接近，進入，通過する自動車の運転者に対して，以下の役割を果たすことを目的としている。

① 遠方から交差点の存在が分かること
② 交差点付近に存在する他の自動車，歩行者等を，手前から識別できること
③ 交差点内に存在する他の自動車，歩行者等を，交差点内において識別できること

①と②については，灯具を適切に配置することにより所期の効果を得る。③については，交差点内の照度とその均斉度が推奨値を満たすことで確保できる。

(1) 設 計 条 件

1) 設 計 範 囲：往復2車線道路の横断歩道を含めた交差点内（横断待機部1mを含む）とする。

（2）推 奨 値
　1）交差点内平均路面照度：10 lx
　2）横断歩道平均路面照度：10 lx
　3）交差点内照度均斉度　：0.4程度
（3）照 明 設 計
　　交差点照明の所期の効果が得られるよう，付図2－7に示す十字路の交差点に，第4章の図解4－4を参考に灯具を配置する。まず連続照明を仮設計し，灯具，光源および灯具高さを選定し，計算から求められる灯具間隔Sにより灯具の配置を決定する。

付表2－5　設計例Ⅰ－2　連続照明：幹線・補助幹線道路の計算結果

平均路面輝度 L_r (cd/m²)	照明器具	光　源	灯具高さ H(m)	保守率 M	灯具間隔 S(m)
0.7	KSHタイプ	高圧ナトリウムランプ NHT180・L(S)	10	0.7	47

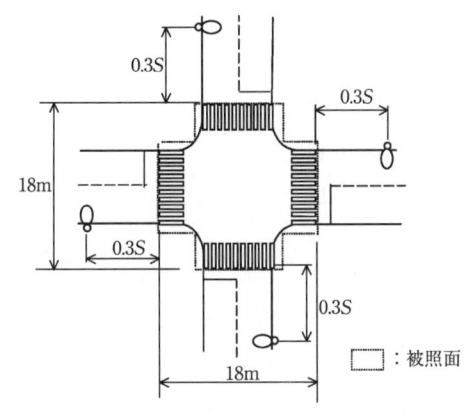

付図2－7　往復2車線道路の交差点における灯具の配置図

逐点法により，交差点内および横断歩道の平均路面照度，照度均斉度を計算し，その結果を付表2－6に示す。

付表2－6　往復2車線道路の交差点の照度計算結果

交差点範囲	照明器具	光源	灯具高さ H(m)	保守率 M	S (m)	逐点照度計算（交差点内18 m×18 m）		
						平均路面照度≧10(1x)		照度均斉度 ≒0.4
						交差点内	横断歩道	
18 m × 18 m	KSHタイプ	高圧ナトリウムランプ NHT180·L(S)	10	0.7	47	11.0	10.2	0.59

（4）評　　価

　交差点の照明の目的である①，②については付図2－7の配置により，交差点の照明要件を満足する。また，③における平均路面照度および照度均斉度は，付表2－6に示すとおり，推奨値を満足する。

2－6　設計例Ⅱ－2　交差点の照明：往復4車線道路の交差点

（1）設　計　条　件

　1）設　計　範　囲：往復4車線道路の横断歩道を含めた交差点内（横断待機部1mを含む）とする。

（2）推　奨　値

　1）交差点内平均路面照度：20 lx程度
　2）横断歩道平均路面照度：20 lx程度
　3）交差点内照度均斉度　：0.4程度

（3）照　明　設　計

　付図2－8に示す十字路の交差点に，第4章の図解4－4～4－10に従って灯具を配置する。設計例Ⅱ－1と同様に連続照明を仮に設計して，採用する器材に応じた計算から求められる灯具間隔Sより灯具の位置を決定する。

付表2－7　設計例Ⅰ－1　連続照明：主要幹線道路の計算結果

平均路面輝度 L_r (cd/m²)	照明器具	光源	灯具高さ H(m)	保守率 M	灯具間隔 S(m)
0.7	KSHタイプ	高圧ナトリウムランプ NHT180·L(S)	12	0.65	42

　道路幅員が広く横断歩道が設けられているこの交差点においては，図解4－4およ

び図解4－9を参考に横断歩道から0.3Sの位置に灯具Aを4灯配置しても，交差点内の照度，および照度均斉度が推奨値を確保できない場合がある。この設計例では，平均路面照度5.2 lx，照度均斉度0.35となる。よって，図解4－10を参考に交差点隅切り部に灯具Bを追加し照明計算を行う。

逐点法により，交差点内および横断歩道の平均路面照度，照度均斉度を計算し，その結果を付表2－8に示す。

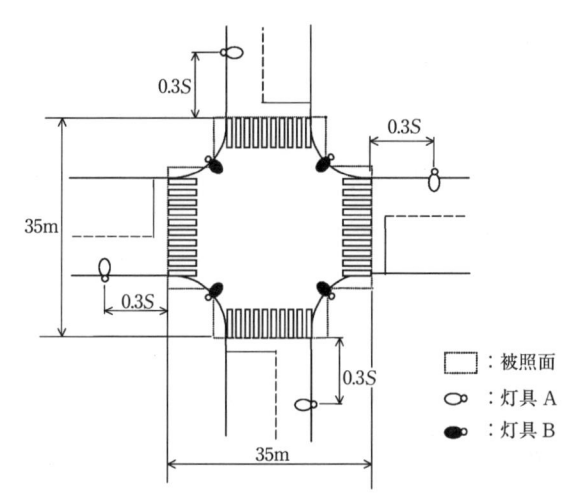

付図2－8　往復4車線道路の交差点における灯具の配置図

付表2－8　往復4車線道路の交差点の照度計算結果

| 交差点範囲 | 照明器具 | 光源 | 灯具高さ H(m) | 保守率 M | S (m) | 逐点照度計算（交差点内35 m×35 m） | | 照度均斉度 ≒0.4 |
| | | | | | | 平均路面照度≒20(1x) | | |
						交差点内	横断歩道	
35 m × 35 m	KSHタイプ	高圧ナトリウムランプ NHT180·L(S)	12	0.65	42	22.8	22.9	0.49

（4）評　価

交差点の照明の目的である①，②については付図2－8の配置により，交差点の照明要件を満足する。また，③における平均路面照度および照度均斉度は，付表2－8に示すとおり，推奨値を満足する。

2－7　設計例Ⅲ－1　横断歩道の照明：歩行者の背景を照明する方式

(1) 設計条件
　1) 道路分類：補助幹線道路（付図2－9参照）
　2) 照明範囲：横断方向，車道全幅員（横断歩道上）$W_o=8$ mとする。
　　　　　　　道路軸方向，横断歩道の背景となる35 mの範囲とする。

(2) 推奨値
　1) 平均路面照度：20 lx程度

(3) 照明設計
　1) 照明器具：KSHタイプ（付図2－3参照）
　2) 光　源：高圧ナトリウムランプ（透明形）
　3) 灯具の取付高さ：$H=10$ mとする。
　4) 照明率：

$$\frac{W_o+Oh}{H}=\frac{8.2}{10}=0.82$$

　　付図2－3 KSHタイプの照明率曲線より　$U_1=0.343$

$$\frac{Oh}{H}=\frac{0.2}{10}=0.02$$

　　付図2－3 KSHタイプの照明率曲線より　$U_2=0.007$

　　したがって，$U=U_1-U_2=0.343-0.007=0.336$となる。

　5) 保守率：$M=0.7$とする。

　　次に以上の条件をもとに照明計算を行う。

$$N \cdot F = \frac{E_r \cdot A}{U \cdot M}$$

ただし，$N=$配列係数，$A=$被照面，$E_r=$平均路面照度

ここで，$E_r=20$ lx，$A=8\times35=280$ m^2，$M=0.7$，$N=1$，$U=0.336$

所要光束Fは，

$$F=\frac{20\times280}{0.7\times0.336\times1}=23{,}810 \text{ (lm)}$$

よって高圧ナトリウムランプ220 W（26,500 lm）を使用する。

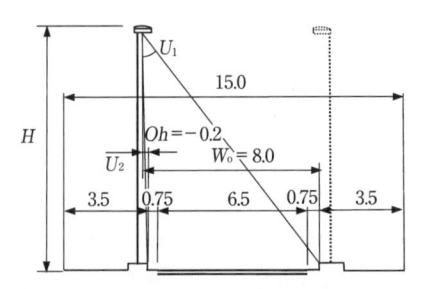

付図2－9 設計例Ⅰ－2，道路断面とポール位置（直線形ポール）（単位：m）

この時の平均路面照度は，

$$E_r = \frac{F \cdot U \cdot M \cdot N}{A} = \frac{26{,}500 \times 0.336 \times 0.7 \times 1}{280} = 22.3 \text{ (lx)} \quad \text{となる。}$$

なお，道路構造および灯具配置が対称の場合は反対側車線の照明設計は省略できる。

灯具の配置例を付図2－10に示す。

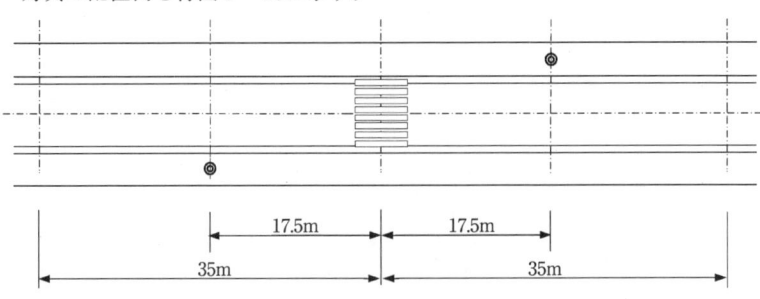

付図2—10 歩行者の背景を照明する方式の灯具の配置図

（4）評　　価
平均路面照度は，(3) 照明設計より推奨値を満足する。

2－8　設計例Ⅲ－2　横断歩道の照明：歩行者自身を照明する方式
（1）設計条件
1) 道路分類：補助幹線道路（付図2—9参照）
2) 照明範囲：横断方向，車道全幅員（横断歩道中心線上）$W_o = 8$ mとする。
　鉛直面照度の計算高さは1mとし，照度の向きは車道軸に直角で自動車の進行方向に対向する方向とする。

（2）推 奨 値
 1）平均鉛直面照度：20 lx程度
（3）照 明 設 計
 1）照 明 器 具：KSHタイプ
 2）光　　　源：高圧ナトリウムランプ（透明形）
 3）灯 具 高 さ：幅員構成が2車線のためH=10 mとする。
 4）灯具の配置：車道幅員および取付高さを考慮し，灯具は横断歩道の鉛直面照度が最も高くなるところに配置する。本設計では付図2－11に示すとおりとなる。
 5）保 守 率：M=0.7とする。

　次に以上の条件をもとに，逐点法により鉛直面照度を計算する。
　付図2－12に示すように，光源から点Pの方向への光度をI_θ（cd），光源からの距離をℓ（m），保守率，光源の直下から鉛直角θの方向にある点Pでの鉛直面照度を$E_{V\theta}$，これとϕなる水平角をなす鉛直面照度$E_{v\phi}$は次式より求められる。

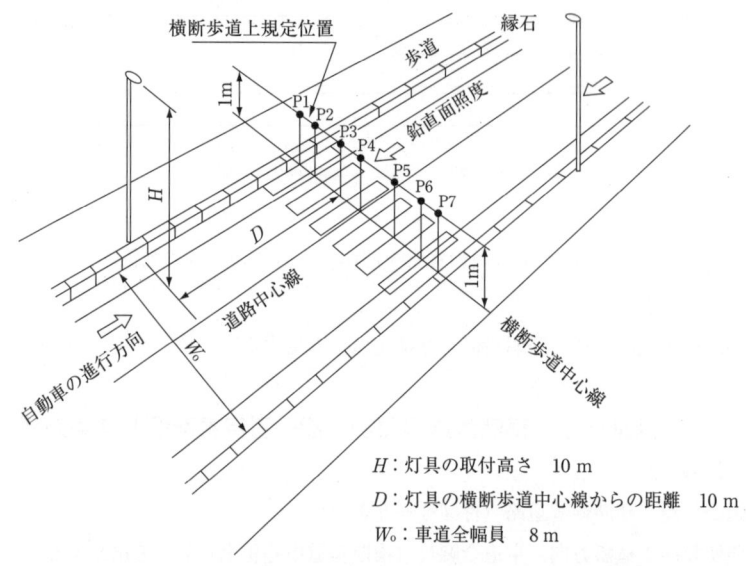

H：灯具の取付高さ　10 m
D：灯具の横断歩道中心線からの距離　10 m
W_o：車道全幅員　8 m

付図2－11　歩行者自身を照明する方式の灯具の配置図

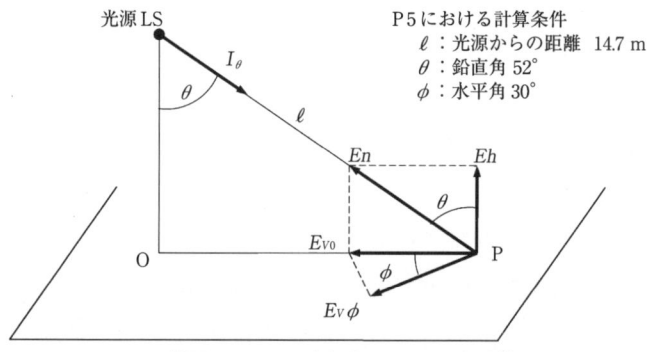

付図2－12　逐点法による照度計算

$$E_{vo} = \frac{I_\theta}{\ell^2} \cdot \sin\theta \cdot M \quad \text{(lx)}$$

$$E_{v\phi} = \frac{I_\theta}{\ell^2} \cdot \sin\theta \cdot \cos\phi \cdot M \quad \text{(lx)}$$

また，上式を変形し，光度は次式より求まる。

$$I_\theta = \frac{E_{v\phi} \cdot \ell^2}{\sin\theta \cdot \cos\phi \cdot M} \quad \text{(cd)}$$

ここで，横断歩道部の鉛直面照度を満足する所要の光度を算出する。例として，付図2－11に示す横断歩道部の反対車線中央上1m（P5）の鉛直面照度を得るための所要光度を求める。付図2－11および付図2－12より，各数値を代入すると

$$I_\theta = \frac{20 \times 14.7^2}{\sin 52° \times \cos 30° \times 0.7} = 9,047 \quad \text{(cd)}$$

となる。

光源LS（灯具）よりP5に向かう角度（$\theta = 52°$，$\phi = 30°$）の光度が1,000 lmあたり370（cd/1000 lm）とすると，光源の所要光束Fは，

$$F = 9,047 \times \frac{1,000}{370} = 24,451 \quad \text{(lm)}$$

となり，この光束を満足する高圧ナトリウムランプ220 W（26,500 lm）を使用する。この時の光度値I_θは，下記のとおりとなる。

$$I_\theta = \frac{370 \times 26,500}{1,000} = 9,805 \quad \text{(cd)}$$

よって，横断歩道部の反対車線中央上1m（P5）の鉛直面照度は

$$E_{v\phi} = \frac{I_\theta}{\ell^2} \cdot \sin\theta \cdot \cos\phi \cdot M$$

$$= \frac{9,805}{14.7^2} \times \sin 52° \times \cos 30° \times 0.7 = 21.6 \text{ (lx)}$$

となる。

同様に，各計算点での鉛直面照度を求め，その結果を付表2－9に示す。

付表2－9　横断歩道上（1m）の鉛直面照度　　（単位：lx）

P1 左側路端	P2 左側車線端	P3 自車線中央	P4 道路中央線	P5 反対車線中央	P6 右側車線端	P7 右側路端	平均鉛直面照度 $E_v ≒ 20$
19.1	22.6	25.4	25.0	21.6	16.0	12.4	20.3

道路構造および灯具配置が横断歩道を挟んで道路軸方向に対称の場合は，反対側車線の照明設計は省略できる。

なお，幅員が広い等の理由により鉛直面照度が得られない場合は，灯具の横断歩道中心線からの距離（D），灯具高さ（H）および光源の大きさ（W）を再検討する。

また，反対側車道端にも灯具を配置して4灯使用することも検討する。

(4) 評　　価

平均鉛直面照度は，付表2－9より推奨値を満足する。

2－9　設計例Ⅳ－1　歩道等の照明：連続照明がある場合

連続照明により検討した，設置条件における歩道等の照明の設計を行う。

(1) 設 計 条 件

1) 主要幹線道路（付図2－1参照）における連続照明の設置条件とする。

2) 歩道の幅員：4.5m

付表2－10　連続照明（設計例Ⅰ－1）の計算結果

照明器具	光　源	灯具高さ H(m)	保守率 M	灯具間隔 S(m)
KSH タイプ	高圧ナトリウムランプ NHT180・L(S)	10	0.65	40
		12	0.65	42

（2）推 奨 値
1）平均路面照度：5 lx
2）照度均斉度：0.2

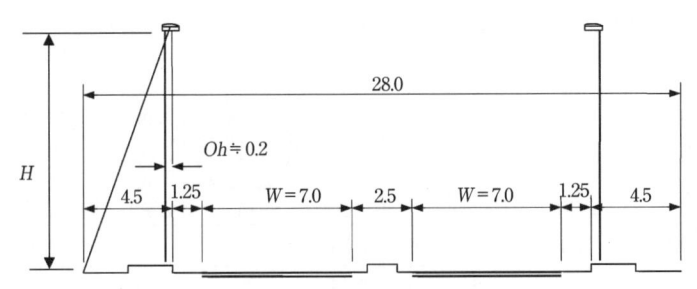

付図2－13　歩道等に連続照明がある場合の道路断面とポールの位置（単位：m）

（3）照明設計
1）照　明　率：「器材仕様書」のKSHタイプの照明率曲線より灯具の高さと幅員の値から求める。

$$\frac{W_1}{H}=\frac{4.3}{10}=0.43$$

付図2－3　KSHの照明率曲線より　$U_1=0.092$

$$\frac{W_2}{H}=\frac{0.2}{10}=0.02$$

付図2－3　KSHの照明率曲線より　$U_2=0.007$

したがって，$U=U_1+U_2=0.092+0.007=0.099$となる。

灯具の高さが異なる場合等においても同様に計算する。

2）保守率：$M=0.65$とする。

次に以上の条件をもとに照明計算を行う。

① 光束法による平均照度計算

　光束法により平均照度を計算する。

$$E_r=\frac{F \cdot U \cdot M \cdot N}{S \cdot W} \quad (\text{lx})$$

計算例　$E_r=\dfrac{19{,}000\times 0.099\times 0.65\times 1}{4.5\times 40}=6.8$（lx）（光源NHT180・L(S)の場合）

② 逐点法により照度均斉度を算出する。

各組合せにおける計算結果を付表2-11に示す。

灯具の配置例を付図2-14に示す。

付表2-11 車道に連続照明が設置される場合の計算結果

照明器具	光源※	灯具高さ H(m)	照明率 U	保守率 M	① 灯具間隔を満たす道路部の平均路面輝度 S(m)	② 照度均斉度 $U \geq 0.2$	歩道の平均路面照度 $E \geq 5(1x)$
KSH タイプ	NHT	10	0.099	0.65	40	0.34	6.8
	180·L(S)	12	0.086	0.65	42	0.42	5.6

※光源のNHTは，高圧ナトリウムランプを示す

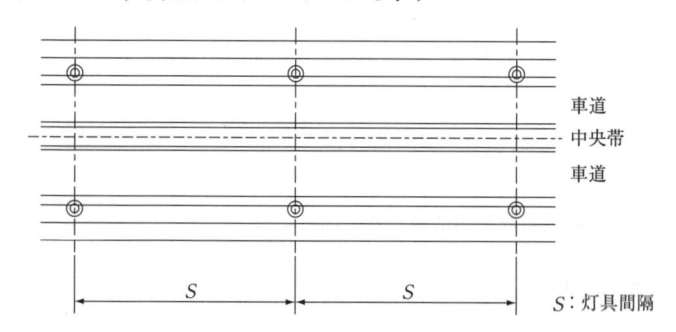

付図2-14 連続照明がある場合の灯具の配置

(4) 評　　価

平均路面照度および照度均斉度は，付表2-11より推奨値を満足する。

2-10　設計例Ⅳ-2　歩道等の照明：単独で歩道等の照明を設置する場合

(1) **設計条件**

　1) 道路分類：歩行者専用道路（付図2-15参照）

　2) 歩道の幅：4.5 m

(2) **推奨値**

　1) 平均路面照度：5 lxおよび10 lx

　2) 照度均斉度　：0.2

（3）照明設計

1）照明器具：歩道照明器具
2）光　　　源：蛍光水銀ランプまたはセラミックメタルハライドランプ（拡散形）
3）灯具の配列：片側配列
4）灯具高さ：5 m
5）照　明　率：付図2－16に示す歩道照明灯具の照明率曲線（例）より求めると，$U=0.224$となる。
6）保　守　率：$M=0.7$とする。

次に，上記の条件にて，設計例Ⅳ－1と同様に照明計算を行う。

① 光束法により，平均路面照度5 lxを満足する灯具間隔を算出する。

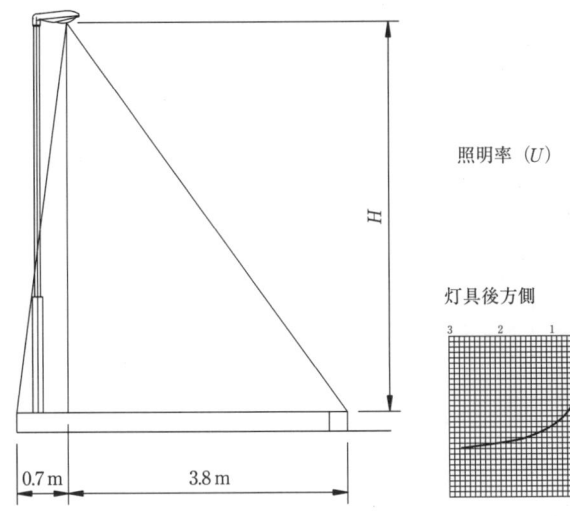

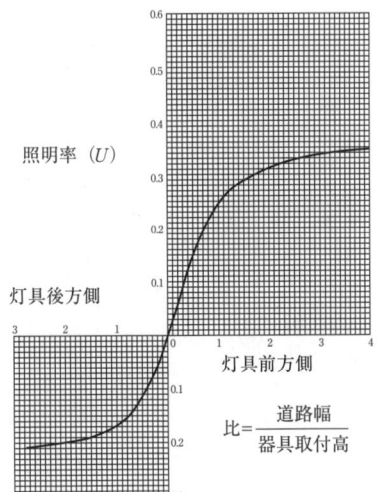

付図2－15　歩行者専用道路断面図　　付図2－16　歩道照明灯具照明率曲線（例）

$$S' = \frac{F \cdot U \cdot M \cdot N}{E_r \cdot W} = \frac{3,100 \times 0.224 \times 0.7 \times 1}{5 \times 4.5} = 21.6 \text{ (m)}\quad(光源：HF80Xの場合)$$

② 算出した灯具間隔をもとに，逐点法により歩道の路面照度を計算し，路面照度均斉度が0.2以上であるかを確認する。
③ 照度均斉度を満足する灯具間隔での平均路面照度を算出する。

各組合せにおける計算結果を付表2-12に示す.

付表2-12　歩行者専用道路の計算結果（5 lxの場合）

照明器具	光源	灯具高さ H(m)	照明率 U	保守率 M	①光束法による灯具間隔 S'(m)	逐点法による輝度計算		平均路面照度
						②灯具間隔 S(m)	照度均斉度 $U \geq 0.2$	$E \geq 5$(1x)
歩道照明灯具	HF80X	5	0.224	0.7	21.6	21	0.20	5.1

次に平均路面照度10 lxの場合を上記と同様に照明計算を行い，結果を付表2-13に示す.

付表2-13　歩行者専用道路の計算結果（10 lxの場合）

照明器具	光源	灯具高さ H(m)	照明率 U	保守率 M	①光束法による灯具間隔 S'(m)	逐点法による輝度計算		平均路面照度
						②灯具間隔 S(m)	照度均斉度 $U \geq 0.2$	$E \geq 10$(1x)
歩道照明灯具	セラミックメタルハライドランプ70W	5	0.224	0.7	20.9	20	0.20	10.4

(4) 評　　価

平均路面照度および照度均斉度は，付表2-12および付表2-13より推奨値を満足する.

2-11　設計例V-1　トンネル照明：設計速度60km/h，輝度低減なし

(1) 設計条件

1) 形　　状

トンネル断面を付図2-17に示す.

車道幅員：6.5 m

全　幅　員：9.0 m

延　　長：1,000 m

2）トンネル内部の仕上げ（反射率）
　　天　井：コンクリート仕上げ（25％）
　　壁　面：コンクリート仕上げ（25％）
　　路　面：アスファルト舗装　（10％）
3）設　計　速　度：60 km/h
4）交　通　量：10,000 台/日以上
5）交　通　方　式：対面通行

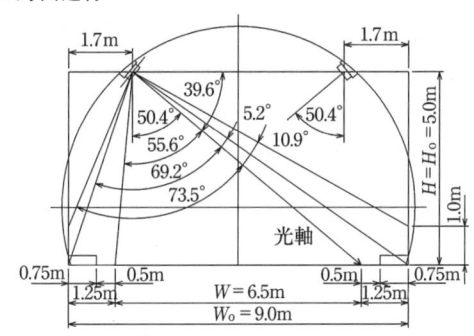

付図2―17　トンネル断面（設計例V：V－1）

(2) **性能指標**

1）基本照明

基本照明の性能指標（規定値）は下記のとおりとする。

平均路面輝度：2.3 cd/m²

輝度均斉度：総合均斉度：0.4以上（車線軸均斉度の推奨値：0.6以上）

視機能低下グレア：相対閾値増加　15％以下

誘　導　性：適切な視覚的誘導効果および光学的誘導効果が得られること。

2）入口部照明

入口部照明の性能指標（規定値）は下記のとおりとする。

ただし，境界部，移行部の路面輝度（L_1，L_2）および緩和部の長さ（ℓ_3）は，トンネルの野外輝度の値に応じて適切な値を算出して決定する。

付表2―14　入口部照明（野外輝度3,300 cd/m²の場合）

設計速度	路面輝度　cd/m²			長　さ　m			
km/h	L_1	L_2	L_3	ℓ_1	ℓ_2	ℓ_3	ℓ_4
60	58	35	2.3	25	65	130	220

注）本設計例は原則として基本照明，入口照明共に対称照明について設計例を示すが，入口照明については，カウンタービーム照明方式の設計例を，「9）入口照明の設計（その2：カウンタービーム照明方式）」に示す。

(3) 照明設計

1) 光　　　源

基本照明：高周波点灯専用形蛍光ランプ（FHP）

入口照明：高圧ナトリウムランプ（NHT）

2) 灯　　　具

付図2-18，付図2-19に示す直射照明率曲線の灯具とする。

基本照明：高周波点灯専用形蛍光ランプ用（2灯用）

入口照明：高圧ナトリウムランプ用

3) 保　守　率

保守率は下記の値とする。

基本照明：0.5

入口照明：0.5

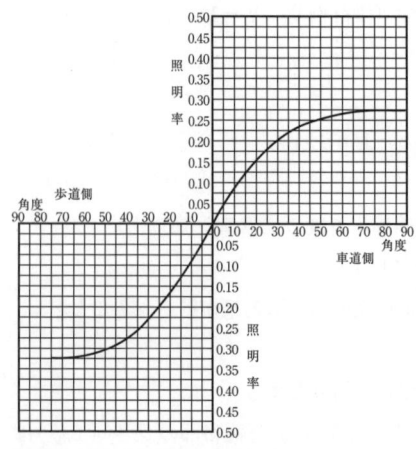

付図2-18　照明率曲線（基本照明用）　　付図2-19　照明率曲線（入口照明用）

4) 灯具の配列：向合せ配列

5) 平均照度換算係数：18 lx/cd/m^2

6) 照明率の計算

照明率は，下記の方法により求める。

全幅員の照明率

$U_4 = A_{41} \cdot U_{10} + A_{42} \cdot U_{20} + A_{43} \cdot U_{30} + A_{44} \cdot U_{40}$ ……………(付式2－1)

車道幅員の照明率

$U_4' = U_{40}' + (W/W_o) \cdot (U_4 - U_{40})$ ………………………(付式2－2)

ここで，W_o：全幅員 (m)

　　　　W：車道幅員 (m)

　　　　A_{41}：照明率を求めるための係数（天井面）

　　　　A_{42}：照明率を求めるための係数（灯具に近い壁面）

　　　　A_{43}：照明率を求めるための係数（灯具に遠い壁面）

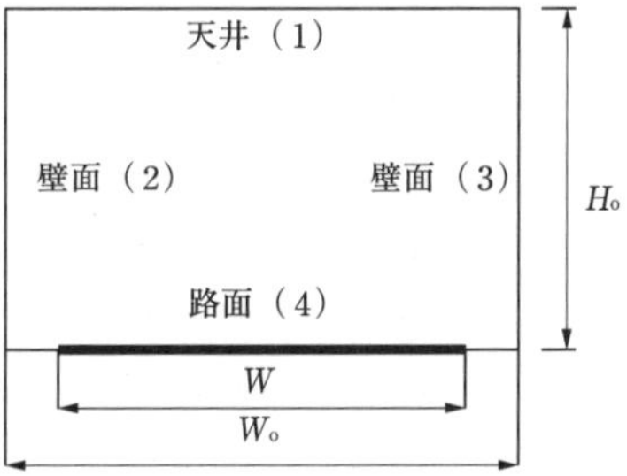

　　　　A_{44}：照明率を求めるための係数（路面）

　　　　U_{10}：天井面に対する直射照明率

　　　　U_{20}：灯具に近い壁面に対する直射照明率

　　　　U_{30}：灯具に遠い壁面に対する直射照明率

　　　　U_{40}：全幅員に対する直射照明率

　　　　U_{40}'：車道幅員に対する直射照明率

付図2－20　各部の名称

　照明率を求めるための角度図より，器具中心軸と車道幅員，全幅員，壁面，天井面とのなす角度を求め，直射照明率曲線図より各直射照明率を読み取る。

　また，トンネル断面の寸法と各部の反射率から天井面，壁面，路面に対する相互反射に関わる反射係数を付表2－24（アスファルト舗装）より求めて計算式に代入する。

ⅰ）灯具の設置条件

　　灯具取付高さ：5.0 m

　　灯具取付角度：50.4°（左右の灯具共通）

ⅱ）照明率の算出

　　a）基本照明（左右の灯具共通）

　　　付図2－17，付図2－18より各部の直射照明率を求めた値を下記に示す。

　　　U_{10} ＝ （ 90.0°） － （ 39.6°） ＝0.274－0.232＝0.042

　　　U_{20} ＝ （－90.0°） － （－69.2°） ＝0.326－0.322＝0.004

　　　U_{30} ＝ （ 39.6°） － （ 5.2°） ＝0.232－0.049＝0.183

U_{40} = (−69.2°) + (5.2°) =0.322+0.049=0.371

U_{40}' = (0.0°) + (−55.6°) =0.000+0.314=0.314

各部の係数を求めるための全幅員（W_o）と高さ（H_o）の比を下記に示す。

W_o/H_o=9/5=1.8

各部の反射係数は付表2−24（アスファルト舗装）より求める。

　天井面の反射率（$\rho1$）　　：25 %

　壁面の反射率（$\rho2$，$\rho3$）：25 %

　路面の反射率（$\rho4$）　　　：10 %

　A_{41}　　　：0.161

　A_{42}，A_{43}：0.116

　A_{44}　　　：1.014

各値を照明率の算出式（付式2−1，付式2−2）に代入して照明率を求める。

U_4 = $A_{41} \cdot U_{10} + A_{42} \cdot U_{20} + A_{43} \cdot U_{30} + A_{44} \cdot U_{40}$

　　=0.161×0.042+0.116×0.004+0.116×0.183+1.014×0.371=0.405

U_4' = U_{40}' + (W/W_o)・($U_4 - U_{40}$)

　　=0.314+(6.5/9.0)×(0.405−0.371)=0.339

基本照明の照明率（U）は，0.339となる。

b）入口照明（左右の灯具共通）

付図2−17，付図2−19より各部の直射照明率を求めた値を下記に示す。

U_{10} = (90.0°) − (39.6°) =0.320−0.256=0.064

U_{20} = (−90.0°) − (−69.2°) =0.330−0.321=0.009

U_{30} = (39.6°) − (5.2°) =0.256−0.052=0.204

U_{40} = (−69.2°) + (5.2°) =0.321+0.052=0.373

U_{40}' = (0.0°) + (−55.6°) =0.000+0.309=0.309

各部の係数を求めるための全幅員（W_o）と高さ（H_o）の比を下記に示す。

W_o/H_o=9/5=1.8

各部の反射係数は付表2−24（アスファルト舗装）より求める。

　天井面の反射率（$\rho1$）　　：25 %

　壁面の反射率（$\rho2$，$\rho3$）：25 %

　路面の反射率（$\rho4$）　　　：10 %

　A_{41}　　　：0.161

A_{42}, A_{43}：0.116

A_{44}　　：1.014

各値を照明率の算出式（付式2－1，付式2－2）に代入して照明率を求める。

$U_4 = A_{41} \cdot U_{10} + A_{42} \cdot U_{20} + A_{43} \cdot U_{30} + A_{44} \cdot U_{40}$

　　　$= 0.161 \times 0.064 + 0.116 \times 0.009 + 0.116 \times 0.204 + 1.014 \times 0.373 = 0.413$

$U_4' = U_{40}' + (W/W_0) \cdot (U_4 - U_{40})$

　　　$= 0.309 + (6.5/9.0) \times (0.413 - 0.373) = 0.338$

入口照明の照明率（U）は，0.338となる。

7）基本照明の設計

ⅰ）灯具間隔

灯具間隔は，次式の光束法により計算する。

$$S = \frac{F \cdot U \cdot M \cdot N}{W \cdot L_r \cdot K} \quad \cdots\cdots\cdots\cdots\cdots\cdots\cdots\cdots\cdots\cdots\cdots\cdots\cdots\cdots（付式2－3）$$

S：灯具間隔（m）

F：ランプ光束（lm）　　　　　　8,270lm（4,135 lm×2本）

U：照明率　　　　　　　　　　　0.339

M：保守率　　　　　　　　　　　0.5

N：灯具の配列による係数　　　　向合せ配列＝2

W：車道幅員（m）　　　　　　　　6.5 m

L_r：設計輝度（cd/m²）　　　　　　2.3 cd/m²

K：平均照度換算係数（lx/cd/m²）　18 lx/cd/m²

付式2－3に各値を代入すると，

$$S \leqq \frac{8{,}270 \times 0.339 \times 0.5 \times 2}{6.5 \times 2.3 \times 18} = 10.4 \text{ m以下}$$

したがって，灯具間隔は10 mとする。

このときの平均路面輝度は付式2－3を変形した次式より求まり，規定値を満足していることが確認できる。

$$L_r = \frac{8{,}270 \times 0.339 \times 0.5 \times 2}{10 \times 6.5 \times 18} \fallingdotseq 2.4 \text{ cd/m}^2 \geqq 2.3 \text{ cd/m}^2$$

本設計例では付図2－21に示すように，基本照明の灯具を10 mの間隔で向合せ配列にて連続的に配置するものとする。

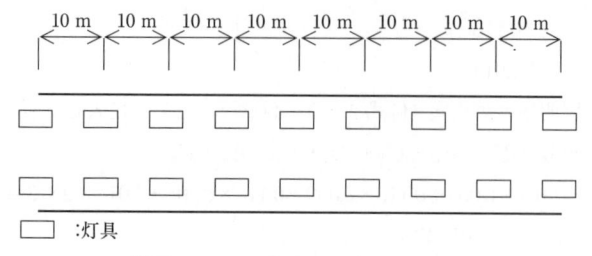

付図2－21　基本照明灯具の配置図

ⅱ）輝度均斉度

　各種諸条件より，逐点法による輝度計算（直射成分のみ）を行い，最小値（L_{min}）と平均値（L_{ave}）を用いて総合均斉度（U_0）を算出し，車線軸上の最小値（$L_{min(\ell)}$）と最大値（$L_{max(\ell)}$）を用いて車線軸均斉度（U_ℓ）を算出する。

　総合均斉度

　　$U_0 = L_{min}/L_{ave} = 0.69 \geq 0.4$

　車線軸均斉度（性能の推奨値）

　　$U_\ell = L_{min(\ell)}/L_{max(\ell)} = 0.79 \geq 0.6$

　計算結果より，性能指標（規定値）を満足していることが確認できる。

ⅲ）視機能低下グレア

　視機能低下グレアについては，逐点法によって算出する視線に垂直な面における照度（E_v）と視線と光源とのなす角（θ）から求めた等価光幕輝度（L_v）および平均路面輝度（L_r）を初期の状態（保守率$M=1$）で計算し，次式により相対閾値増加TIを算出する。

$$TI = 65 \cdot \frac{L_v}{L_r^{0.8}} = 4.6\% \leq 15\% \quad (L_r \leq 5\ cd/m^2の場合)$$

　計算結果より，性能指標（規定値）を満足していることが確認できる。

ⅳ）誘　導　性

　基本照明の灯具は，路面上5.0 mの位置に向合せ配列で付図2－21のように一定の間隔で配置し，平均路面輝度，輝度均斉度，視機能低下グレアがいずれも規定値を満足していることにより，道路構造や道路線形が明瞭になり，良好な視覚的誘導効果が得られる。また，灯具を適切に配置することにより優れた光学的誘導効果が得られるため，誘導性についても性能指標を満足していると判断できる。

ⅴ）壁面輝度（推奨値）

下記に示す計算式により路面上1.0 mの壁面（H_m）の照明率を求め，壁面と路面の輝度比を算出する。本設計例では，壁面は内装が施されていないため，壁面輝度の値が路面輝度の0.6倍以上であることを確認する。

a）直射照明率の算出（左右の灯具共通）

付図2－17，付図2－18より各部の直射照明率を求めた値を下記に示す。

天井面への直射照明率

U_{10} ＝（ 90.0°）－（ 39.6°）＝0.274－0.232＝0.042

灯具に近い壁面H_mに対する直射照明率

U_{20}' ＝（－73.5°）－（－69.2°）＝0.323－0.322＝0.001

灯具に近い全壁面H_oに対する直射照明率

U_{20} ＝（－90.0°）－（－69.2°）＝0.326－0.322＝0.004

灯具に遠い壁面H_mに対する直射照明率

U_{30}' ＝（ 10.9°）－（ 5.2°）＝0.095－0.049＝0.046

灯具に遠い全壁面H_oに対する直射照明率

U_{30} ＝（ 39.6°）－（ 5.2°）＝0.232－0.049＝0.183

全幅員に対する直射照明率

U_{40} ＝（－69.2°）＋（ 5.2°）＝0.322＋0.049＝0.371

各部の係数を求めるための全幅員（W_o）と高さ（H_o）の比を下記に示す。

W_o/H_o＝9/5＝1.8

各部の反射係数は付表2－24（アスファルト舗装）より求める。

　天井面の反射率（$\rho 1$）　：25％

　壁面の反射率（$\rho 2$，$\rho 3$）：25％

　路面の反射率（$\rho 4$）　　：10％

　A_{21}，A_{31}：0.060

　A_{23}，A_{32}：0.074

　A_{22}，A_{33}：1.013

　A_{24}，A_{34}：0.026

b）照明率の算出（左右の灯具共通）

各値を照明率の算出式（付式2－1，付式2－2）に代入して照明率を求める。

灯具に近い全壁面H_oに対する照明率

U_2 ＝$A_{21}\cdot U_{10}$＋$A_{22}\cdot U_{20}$＋$A_{23}\cdot U_{30}$＋$A_{24}\cdot U_{40}$

$\quad\quad\quad$ =0.060×0.042+1.013×0.004+0.074×0.183+0.026×0.371=0.030

$\quad$ 灯具に遠い全壁面H_oに対する照明率

$\quad\quad U_3 = A_{31}・U_{10}+A_{32}・U_{20}+A_{33}・U_{30}+A_{34}・U_{40}$

$\quad\quad\quad$ =0.060×0.042+0.074×0.004+1.013×0.183+0.026×0.371=0.198

$\quad$ 灯具に近い壁面H_mに対する照明率

$\quad\quad U_2' = U_{20}' + (H_m/H_o)・(U_2-U_{20})$

$\quad\quad\quad$ =0.001+(1.0/5.0)×(0.030-0.004)=0.006

$\quad$ 灯具に遠い壁面H_mに対する照明率

$\quad\quad U_3' = U_{30}' + (H_m/H_o)・(U_3-U_{30})$

$\quad\quad\quad$ =0.046+(1.0/5.0)×(0.198-0.183)=0.049

c）輝度比の算出（左右の灯具共通）

$\quad$ 各値を下記の算出式（付式2-4）に代入して輝度比を求める。

$$\frac{L_w}{L_r}=K・\frac{\rho_w}{\pi}・\frac{W}{H_m}・\frac{U_2'+U_3'}{2U} \quad\cdots\cdots\cdots\cdots\cdots\cdots\text{（付式2-4）}$$

$$=18×\frac{0.25}{\pi}×\frac{6.5}{1.0}×\frac{0.006+0.049}{2×0.339}=0.76$$

$\quad\quad L_w$ ：平均壁面輝度（cd/m²）

$\quad\quad L_r$ ：平均路面輝度（cd/m²）

$\quad\quad \rho_w$ ：壁面の反射率

$\quad\quad \pi$ ：円周率

$\quad\quad W$ ：車道幅員（m）

$\quad\quad H_m$ ：計算対象とする壁面高さ（m）

$\quad\quad U_2'$ ：灯具に近い壁面H_mに対する照明率

$\quad\quad U_3'$ ：灯具に遠い壁面H_mに対する照明率

$\quad\quad U$ ：路面の照明率

　よって壁面と路面の輝度比は，推奨値である路面輝度の0.6倍以上であることが確認できる。

　トンネル内に内装が施される場合は，内装の反射率，内装の高さより平均の反射率を求めて壁面と路面の輝度比を算出する。

vi）ちらつき

　表解5-2より，ちらつき防止のために避けるべき灯具の間隔は，0.9～3.3 m

であるため基本照明の灯具間隔を10 mとしても問題ない。

8）入口部照明の設計（その1：対称照明方式）

ⅰ）野外輝度の算出

野外輝度は，トンネル坑口の方位，地形および地物などを考慮して下記のように設定する。

当該トンネルの坑口付近の状況から，視角20度の円形視野内にある天空や地物などの面積比を求め，表解5－3から坑口の方位別の値を読み取り，式 (5.8) によって算出する。本設計の坑口の方位は，東・西の場合とする。

付図2－22 トンネル坑口の状況（設計例Ⅴ：Ⅴ－1）

付図2－22より面積比を求め，表解5－3から部分輝度（坑口方位：東・西）を読み取り，式 (5.8) に各値を代入して算出した結果を下記に示す。

付表2－15 計算に用いる部分輝度および面積比

	天空輝度 L_s	路面輝度 L_r	抗口周辺の輝度 L_e				抗口 L_h
			擁壁	樹木	建物	草	
部分輝度 (cd/m²)	8,000	3,500	2,000	1,500	3,000	2,000	0
面積比	0	0.360	0.048	0.564	0	0	0.028

$$L_{20}=A_s \cdot L_s + A_r \cdot L_r + A_e \cdot L_e + A_h \cdot L_h$$
$$=0.360 \times 3,500 + (0.048 \times 2,000 + 0.564 \times 1,500) \fallingdotseq 2,200 \quad (cd/m^2)$$

以上の結果より，野外輝度は，2,200 cd/m²として設計を行うものとする。

ただし，坑口周辺の状況が未確定で上記の方法による計算ができないときに野外輝度を求める場合は，表からの選択による方法として表解5-4より求めることができる。

20度視野に占める天空の面積比A_sに対する野外輝度は，付図2-22より天空の面積比を求めると$A_s<0.05$のため，野外輝度は2,500 cd/m^{2}となる。

なお，計算による方法から求めた野外輝度は，表からの選択による方法から求めた場合より精度が高いため，計算による方法から求めた値を優先するとよい。

ⅱ）入口部照明各部の路面輝度と長さ

「5-4 入口部・出口部照明」の規定および設計条件に基づいて，入口照明の制御を2段階に設定した場合の値を以下に示す。

a）境界部

  路面輝度：$L_1=58×(2,200/3,300)=38.7$ cd/m^2　100％（晴天）

  路面輝度：$L_1=58×(2,200/3,300)×0.5=19.3$ cd/m^2　50％（曇天）

  長　　さ：$\ell_1=25$ m　100％（晴天），50％（曇天）

b）移行部

  路面輝度：$L_2=35×(2,200/3,300)=23.3$ cd/m^2　100％（晴天）

  路面輝度：$L_2=35×(2,200/3,300)×0.5=11.7$ cd/m^2　50％（曇天）

  長　　さ：$\ell_2=65$ m　100％（晴天），50％（曇天）

c）緩和部

  路面輝度：$L_3=2.3$ cd/m^2

  長　　さ：$\ell_3=(\log_{10}23.3-\log_{10}2.3)×60/0.55≒110$ m　100％（晴天）

  長　　さ：$\ell_3=(\log_{10}11.7-\log_{10}2.3)×60/0.55≒77$ m　50％（曇天）

入口部照明各部の路面輝度と長さを付表2-16に示す。

入口部照明曲線を付図2-23に示す。

付表2-16　入口部照明各部の路面輝度と長さ

（設計速度=60 km/h，野外輝度=2,200 cd/m^2）

	路面輝度（cd/m^2）			長　さ（m）		
	境界部	移行部	緩和部	境界部	移行部	緩和部
100％（晴天）	38.7	23.3	2.3	25	65	110
50％（曇天）	19.3	11.7	2.3	25	65	77

注）上表の下段は2段階制御を考慮して，50％（曇天）の路面輝度と長さを求めた例である。

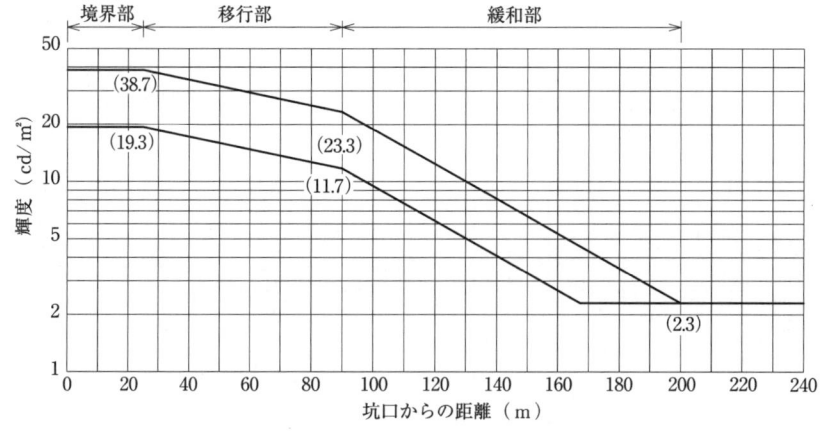

付図 2−23　入口部照明曲線

ⅲ）入口部照明曲線

　　入口部照明曲線の路面輝度を満足する光源の組合せと配列を決定する。

　　入口部照明は境界部以降，徐々に所要路面輝度が低下するため，適宜必要な光源および数量を検討し，所要路面輝度を満たす組合せを選定する。下記に設計例を示す。

　　なお，本設計例は，入口部照明の調光を2段階としており，路面輝度の比率が100％および50％時の点灯パターンを配慮して設計したものである。

　　また，路面輝度の比率が50％の場合は，路面輝度が100％の時と同様に設計すればよい。

　　付図2−24に示したように，入口部照明の設計値は入口部各部の規定値を満足していることが確認できる。

付表2－17　入口部照明の計算結果

	灯　数（光源別）※					入口照明路面輝度	基本照明路面輝度	入口部照明路面輝度
	NHT360	NHT270	NHT220	NHT180	NHT110			
A区間：15m	2	2				－		－
B区間：20m	8	4				37.1		39.5
C区間：20m	4	8				33.1		35.5
D区間：20m		12				29.0		31.4
E区間：20m	4	4				23.4		25.8
F区間：20m		4	4			17.3	2.4	19.7
G区間：20m				8		11.0		13.4
H区間：20m				8		6.0		8.4
I区間：20m					4	3.0		5.4
J区間：30m					3	1.5		3.9
合　計：205m	18	34	4	8	15	－	－	－

※光源のNHTは，高圧ナトリウムランプを示す

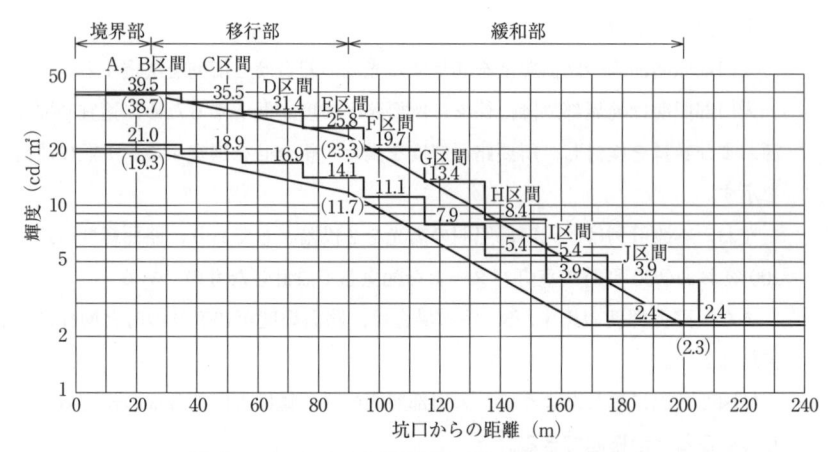

付図2－24　入口照明曲線（設計例Ⅴ：Ⅴ－1）

　光束法による輝度計算は，基本照明の灯具間隔毎に路面輝度を算出しているため，入口部照明の路面輝度は階段状の値を示している。しかし，実際の照明施設では，隣り合う前後の区間の影響を受けるため，路面輝度の値が入口部照明曲線を一部下回っていても，その下回る部分の長さが5m以下であれば，実用上は問題が無いと判断できる。

ⅳ）壁面輝度（推奨値）

　入口部照明の壁面輝度の計算は以下の理由により計算を省略する。

基本照明の壁面輝度が0.6以上（0.76）であり，基本照明と同等の光学性能を有する灯具を同じ角度に取付けるため，ほぼ同等の値が得られる。

9）入口部照明の設計（その2：カウンタービーム照明方式）

カウンタービーム照明方式を，入口照明に採用する場合の設計例を下記に示す。

ⅰ）照明率の算出

付図2-25のトンネル断面の条件において，付図2-26に示す直射照明率曲線の灯具を用いて，付式2-1および付式2-2によって照明率を算出する。

付図2-25，付図2-26より各部の直射照明率を求めた値を下記に示す。

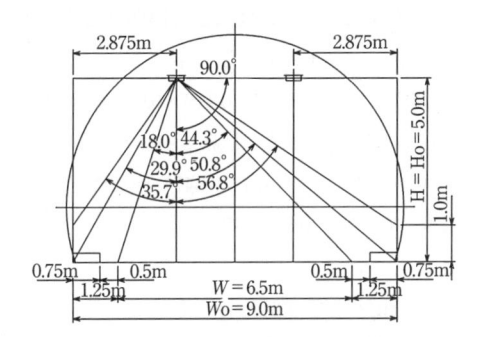

付図2-25 トンネル断面（設計例Ⅴ：Ⅴ-1）
入口照明：カウンタービーム照明

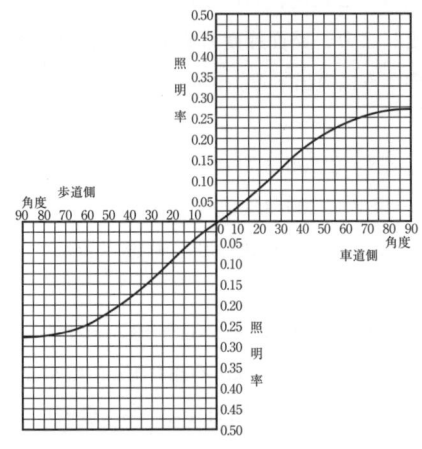

付図2-26 照明率曲線（入口照明）
入口照明器具（左右灯具）

$U_{10} = (\ 90.0°\ ) - (\ 90.0°\ ) = 0.270 - 0.270 = 0.000$

$U_{20} = (-90.0°\ ) - (-29.9°\ ) = 0.270 - 0.132 = 0.138$

$U_{30} = (\ 90.0°\ ) - (\ 50.8°\ ) = 0.270 - 0.215 = 0.055$

$U_{40} = (-29.9°\ ) + (\ 50.8°\ ) = 0.132 + 0.215 = 0.347$

$U_{40}' = (-18.0°\ ) + (\ 44.3°\ ) = 0.074 + 0.195 = 0.269$

各部の係数を求めるための全幅員（W_o）と高さ（H_o）の比を下記に示す。

$W_o/H_o = 9/5 = 1.8$

各部の反射係数を付表2-24（アスファルト舗装）より求め，各値を照明率の算出式（付式2-1，付式2-2）に代入して照明率を求める。

$U_4 = A_{41} \cdot U_{10} + A_{42} \cdot U_{20} + A_{43} \cdot U_{30} + A_{44} \cdot U_{40}$

$\quad = 0.161 \times 0.000 + 0.116 \times 0.138 + 0.116 \times 0.055 + 1.014 \times 0.347 = 0.374$

$U_4' = U_{40}' + (W/W_o) \cdot (U_4 - U_{40})$

$\quad = 0.269 + (6.5/9.0) \times (0.374 - 0.347) = 0.289$

入口照明の照明率（U）は，0.289となる。

ⅱ）野外輝度の算出

野外輝度は2,200 cd/m²として設計を行うものとする。

ⅲ）入口部照明各部の路面輝度と長さ

「5-4 入口部・出口部照明」の規定および設計条件に基づいて，入口照明の制御を2段階に設定した場合の値を以下に示す。なお，カウンタービーム照明を採用することにより，路面輝度の値を20％低減できるので，各部の路面輝度と長さは以下のように算出する。

a）境　界　部

　　路面輝度：$L_1 = 58 \times (2,200/3,300) \times 0.8 = 30.9$ cd/m²　100％（晴天）

　　路面輝度：$L_1 = 58 \times (2,200/3,300) \times 0.8 \times 0.5 = 15.5$ cd/m²　50％（曇天）

　　長　さ：$\ell_1 = 25$ m 100％（晴天），50％（曇天）

b）移　行　部

　　路面輝度：$L_2 = 35 \times (2,200/3,300) \times 0.8 = 18.7$ cd/m²　100％（晴天）

　　路面輝度：$L_2 = 35 \times (2,200/3,300) \times 0.8 \times 0.5 = 9.3$ cd/m²　50％（曇天）

　　長　さ：$\ell_2 = 65$ m 100％（晴天），50％（曇天）

c）緩　和　部

　　路面輝度：$L_3 = 2.3$ cd/m²

長　さ：$\ell_3 = (\log_{10}18.7 - \log_{10}2.3) \times 60/0.55 \fallingdotseq 100$ m　100 ％（晴天）

長　さ：$\ell_3 = (\log_{10}9.3 - \log_{10}2.3) \times 60/0.55 \fallingdotseq 66$ m　50 ％（曇天）

入口部照明各部の路面輝度と長さを付表2－18に示す。

付表2－18　入口部照明各部の路面輝度と長さ

（設計速度=60 km/h,野外輝度=2,200 cd/m²）

	路面輝度（cd／m²）			長　　さ　（m）		
	境界部	移行部	緩和部	境界部	移行部	緩和部
100％(晴天)	30.9	18.7	2.3	25	65	100
50％(曇天)	15.5	9.3	2.3	25	65	66

注）上表の下段は2段階制御を考慮して，50％(曇天)の路面輝度と長さを求めた例である。

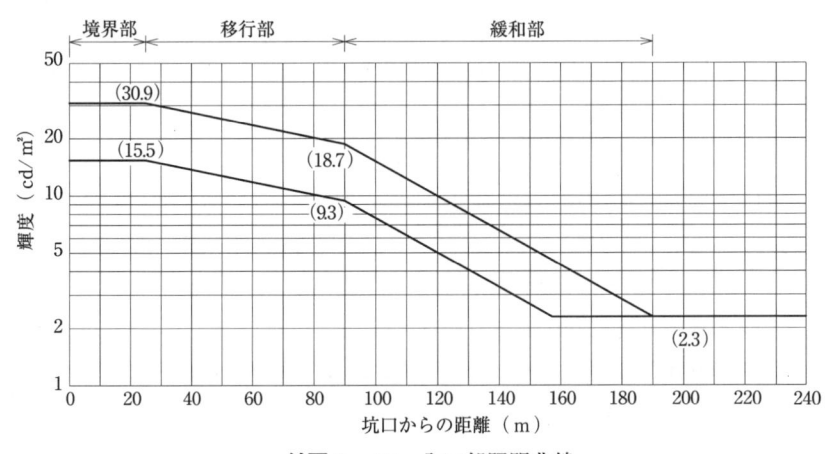

付図2－27　入口部照明曲線

iv）入口部照明曲線

入口部照明曲線を付図2－27に示す。

入口部照明曲線の路面輝度を満足する光源の組合せと配列を決定する。

入口部照明は境界部以降，徐々に必要路面輝度が低下するため，適宜必要な光源および数量を検討し，所要路面輝度を満たす組合せを選定する。なお，光束法の計算に用いる平均照度換算係数の値は，カウンタービーム照明方式を採用し，灯具が車道幅員内に配置されることを前提として，9 lx/cd/m²として計算を行った。

本設計例は，入口部照明の調光を2段階としており，路面輝度の比率が100 ％

および50％時の点灯パターンを配慮して設計したものである。

また，路面輝度の比率が50％の場合は，路面輝度が100％の時と同様に設計すればよい。

付表2－19　入口部照明の計算結果

	灯　数（光源別）※					入口照明路面輝度	基本照明路面輝度	入口部照明路面輝度
	NHTD400	NHTD250	NHTD150	NHTD110	NHTD70			
A区間：15m	2					－		－
B区間：20m	4	4				35.6		38.0
C区間：30m		12				25.7		28.1
D区間：40m		8	8			19.8	2.4	22.2
E区間：20m			4	4		12.1		14.5
F区間：20m					6	6.5		8.9
G区間：20m				4		3.3		5.7
H区間：30m					3	1.6		4.0
合　計：195m	6	24	12	4	15	－	－	－

※光源のNHTDは，高圧ナトリウムランプを示す

付図2－28に示したように，入口部照明の設計値は入口部各部の規定値を満足していることが確認できる。

光束法による輝度計算は，基本照明の灯具間隔毎に路面輝度を算出しているため，入口部照明の路面輝度は階段状の値を示している。しかし，実際の照明施設では，隣り合う前後の区間の影響を受けるため，路面輝度の値が入口部照明曲線

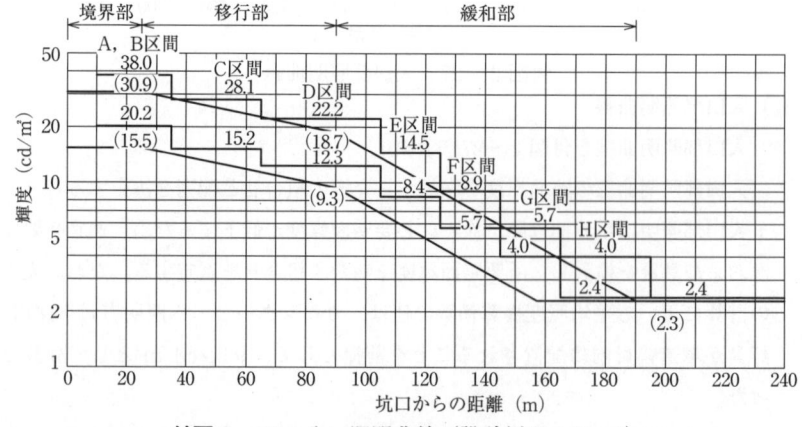

付図2－28　入口照明曲線（設計例V：V－1）

を一部下回っていても，その下回る部分の長さが 5 m 以下であれば，実用上は問題が無いと判断できる。

v）壁面輝度（推奨値）

下記に示す計算式により路面上1.0 mの壁面（H_m）の照明率を求め，壁面と路面の輝度比を算出する。

本設計例では，壁面は内装が施されていないため，壁面輝度の値が路面輝度の0.6倍以上であることを確認する。

a）直射照明率の算出（左右の灯具共通）

付図 2 − 25，付図 2 − 26 より各部の直射照明率を求めた値を下記に示す。

天井面への直射照明率

U_{10} ＝（ 90.0°）−（−90.0°）＝0.270−0.270＝0.000

灯具に近い壁面H_mに対する直射照明率

U_{20}' ＝（−35.7°）−（−29.9°）＝0.168−0.132＝0.036

灯具に近い全壁面H_mに対する直射照明率

U_{20} ＝（−90.0°）−（−29.9°）＝0.270−0.132＝0.138

灯具に遠い壁面H_mに対する直射照明率

U_{30}' ＝（ 56.8°）−（ 50.8°）＝0.232−0.215＝0.017

灯具に遠い全壁面H_mに対する直射照明率

U_{30} ＝（ 90.0°）−（ 50.8°）＝0.270−0.215＝0.055

全幅員に対する直射照明率

U_{40} ＝（−18.0°）＋（ 44.3°）＝0.074＋0.195＝0.269

各部の係数を求めるための全幅員（W_o）と高さ（H_o）の比を下記に示す。

W_o/H_o＝9/5＝1.8

各部の反射係数は付表 2 − 24（アスファルト舗装）より求める。

　天井面の反射率（$\rho 1$）　　　：25%

　壁面の反射率（$\rho 2$, $\rho 3$）：25%

　路面の反射率（$\rho 4$）　　　：10%

　A_{21}, A_{31}：0.060

　A_{23}, A_{32}：0.074

　A_{22}, A_{33}：1.013

　A_{24}, A_{34}：0.026

b）照明率の算出（左右の灯具共通）

各値を照明率の算出式（付式 2 − 1，付式 2 − 2）に代入して照明率を求める。

灯具に近い全壁面H_oに対する照明率

$U_2 = A_{21} \cdot U_{10} + A_{22} \cdot U_{20} + A_{23} \cdot U_{30} + A_{24} \cdot U_{40}$

　　 $= 0.060 \times 0.000 + 1.013 \times 0.138 + 0.074 \times 0.055 + 0.026 \times 0.269 = 0.151$

灯具に遠い全壁面H_oに対する照明率

$U_3 = A_{31} \cdot U_{10} + A_{32} \cdot U_{20} + A_{33} \cdot U_{30} + A_{34} \cdot U_{40}$

$U_2 = 0.060 \times 0.000 + 0.074 \times 0.138 + 1.013 \times 0.055 + 0.026 \times 0.269 = 0.073$

灯具に近い壁面H_mに対する照明率

$U_2' = U_{20}' + (H_m/H_o) \cdot (U_2 - U_{20})$

$U_2 = 0.036 + (1.0/5.0) \times (0.151 - 0.138) = 0.039$

灯具に遠い壁面H_mに対する照明率

$U_3' = U_{30}' + (H_m/H_o) \cdot (U_3 - U_{30})$

$U_2 = 0.017 + (1.0/5.0) \times (0.073 - 0.055) = 0.021$

c）輝度比の算出（左右の灯具共通）

各値を下記の算出式（付式 2-4）に代入して輝度比を求める。

$$\frac{L_w}{L_r} = K \cdot \frac{\rho_w}{\pi} \cdot \frac{W}{H_m} \cdot \frac{U_2' + U_3'}{2 \cdot U} \quad \cdots\cdots\cdots\cdots\cdots\cdots\cdots\cdots\cdots\cdots\cdots\cdots（付式 2 − 4）$$

$$= 9 \times \frac{0.25}{\pi} \times \frac{6.5}{1.0} \times \frac{0.039 + 0.021}{2 \times 0.289} = 0.48$$

L_w ：平均壁面輝度（cd/m²）

L_r ：平均路面輝度（cd/m²）

ρ_w ：壁面の反射率

π ：円周率

W ：車道幅員（m）

H_m ：計算対象とする壁面高さ（m）

U_2' ：灯具に近い壁面H_mに対する照明率

U_3' ：灯具に遠い壁面H_mに対する照明率

U ：路面の照明率

よって壁面と路面の輝度比は，推奨値である路面輝度の0.6倍以上を満たさず検討を要する。

トンネル内に内装が施される場合は，内装の反射率，内装の高さより平均の反射率を求めて壁面と路面の輝度比を算出する。

(4) 評　　価

(3) の7) 基本照明の設計，8) 入口部照明の設計 (その1)，9) 入口部照明の設計 (その2) より規定値および推奨値を満足している。

2-12　設計例V-2　トンネル照明：設計速度40km/h，輝度低減なし

(1) 設計条件

1) 形　　状

トンネル断面を付図2-29に示す。

車道幅員　6.0 m

全幅員　8.6 m

延　長　500 m

2) トンネル内部の仕上げ (反射率)

天　井　コンクリート仕上げ (25%)

壁　面　コンクリート仕上げ (25%)

路　面　コンクリート舗装　(25%)

3) 設計速度　40 km/h

4) 交通量　10,000台/日以上

5) 交通方式　対面通行

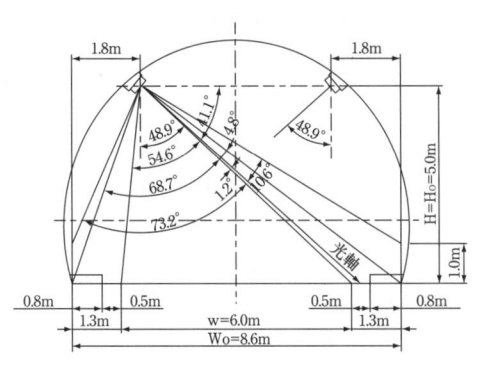

付図2-29　トンネル断面
（設計例V：V-2）

（2）性能指標

1）基本照明

基本照明の性能指標は下記のとおりとする。

a）平均路面輝度　　　：1.5 cd/m^2

b）輝度均斉度　　　　：総合均斉度：0.4以上（車線軸均斉度の推奨値：0.6以上）

c）視機能低下グレア：相対閾値増加　15 %以下

d）誘　　導　　性　　：適切な視覚的誘導効果および光学的誘導効果が得られること。

2）入口部照明

入口部照明の性能指標は下記のとおりとする。

ただし，境界部，移行部の路面輝度（L_1，L_2）および緩和部の長さ（ℓ_3）は，トンネルの野外輝度の値に応じて適切な値を算出して決定する。

付表2－20　入口部照明（野外輝度3,300 cd/m^{2}の場合）

設計速度	路面輝度 cd/m^2			長さ m			
km/h	L_1	L_2	L_3	ℓ_1	ℓ_2	ℓ_3	ℓ_4
40	29	20	1.5	15	30	85	130

（3）照明設計

1）光　　源

基本照明：高周波点灯専用形蛍光ランプ（FHP）

入口照明：高圧ナトリウムランプ（NHT）

　　　　　高周波点灯専用形蛍光ランプ（FHP）

2）灯　　具

付図2-30，付図2-31に示す直射照明率曲線の灯具とする。

基本照明：高周波点灯専用形蛍光ランプ用（1灯用）

入口照明：高圧ナトリウムランプ用

3）保　守　率

保守率は下記の値とする。

基本照明：0.75

入口照明：0.75

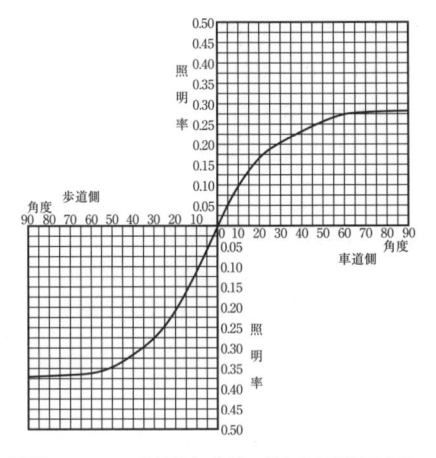

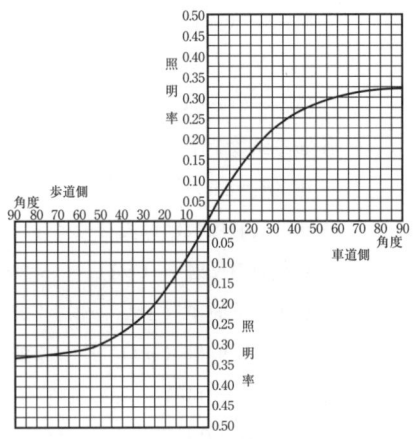

付図2-30　照明率曲線（基本照明器具）　　付図2-31　照明率曲線（入口照明器具）

4）灯具の配列

　　基本照明：千鳥配列

　　入口照明：向合せ配列

5）平均照度換算係数

　　13 lx/cd/m²

6）照明率の計算

　　照明率は，設計例Ⅴ（トンネル照明：Ⅴ－1）の6）照明率の計算に示す方法により求める。

　　また，トンネル断面の寸法と各部の反射率から天井面，壁面，路面に対する相互反射に関わる反射係数を付表2-24（コンクリート舗装）より求めて計算式に代入する。

　ⅰ）灯具の設置条件

　　　灯具取付高さ：5.0 m

　　　灯具取付角度：48.9°　（左右の灯具共通）

　ⅱ）照明率の算出

　　a）基本照明（左右の灯具共通）

　　　付図2-29，付図2-30より各部の直射照明率を求めた値を下記に示す。

　　　U_{10}　=（　90.0°）－（　41.1°）=0.283－0.236=0.047

　　　U_{20}　=（－90.0°）－（－68.7°）=0.367－0.363=0.004

U_{30} = (41.1°) − (4.8°) =0.236−0.056=0.180

U_{40} = (−68.7°) + (4.8°) =0.363+0.056=0.419

U_{40}' = (−54.6°) − (−1.2°) =0.355−0.013=0.342

各部の係数を求めるための全幅員（W_o）と高さ（H_o）の比を下記に示す。

W_o/H_o=8.6/5=1.7

各部の反射係数は付表2−24（コンクリート舗装）より求める。

天井面の反射率（$\rho 1$）　　　：25 %

壁面の反射率（$\rho 2$, $\rho 3$）：25 %

路面の反射率（$\rho 4$）　　　　：25 %

A_{41}　　　：0.161

A_{42}, A_{43}：0.117

A_{44}　　　：1.035

各値を照明率の算出式（付式2−1，付式2−2）に代入して照明率を求める。

U_4 = A_{41}・U_{10} + A_{42}・U_{20} + A_{43}・U_{30} + A_{44}・U_{40}

　　=0.161×0.047+0.117×0.004+0.117×0.180+1.035×0.419=0.463

U_4' = U_{40}' + (W/W_o)・($U_4 - U_{40}$)

　　=0.341 + (6/8.6)×(0.463−0.419) =0.372

基本照明の照明率（U）は，0.372となる。

b）入口照明（左右の灯具共通）

付図2−29，付図2−31より各部の直射照明率を求めた値を下記に示す。

U_{10} = (90.0°) − (41.1°) =0.320−0.260=0.060

U_{20} = (−90.0°) − (−68.7°) =0.330−0.320=0.010

U_{30} = (41.1°) − (4.8°) =0.260−0.047=0.213

U_{40} = (−68.7°) + (4.8°) =0.320+0.047=0.367

U_{40}' = (−54.6°) − (−1.2°) =0.308−0.012=0.296

各部の係数を求めるための全幅員（W_o）と高さ（H_o）の比を下記に示す。

W_o/H_o=8.6/5=1.7

各部の反射係数は付表2−24（コンクリート舗装）より求める。

天井面の反射率（$\rho 1$）　　　：25 %

壁面の反射率（$\rho 2$, $\rho 3$）：25 %

路面の反射率（$\rho 4$）　　　　：25 %

A_{41} ： 0.161

A_{42}, A_{43} ： 0.117

A_{44} ： 1.035

各値を照明率の算出式（付式2-1，付式2-2）に代入して照明率を求める。

$U_4 = A_{41} \cdot U_{10} + A_{42} \cdot U_{20} + A_{43} \cdot U_{30} + A_{44} \cdot U_{40}$

　　　$= 0.161 \times 0.060 + 0.117 \times 0.010 + 0.117 \times 0.213 + 1.035 \times 0.367 = 0.416$

$U_4' = U_{40}' + (W/W_o) \cdot (U_4 - U_{40})$

　　　$= 0.295 + (6.0/8.6) \times (0.416 - 0.367) = 0.329$

入口照明の照明率（U）は，0.329となる。

7) 基本照明の設計

　i) 灯具間隔

　　灯具間隔は，光束法の次式により計算する。

$$S = \frac{F \cdot U \cdot M \cdot N}{L_r \cdot W \cdot K} \quad \cdots\cdots\cdots\cdots\cdots\cdots\cdots（付式2-5）$$

S ： 灯具間隔（m）

F ： ランプ光束（lm）　　　　4,135 lm（4,135 lm×1本）

U ： 照明率　　　　　　　　　0.382

M ： 保守率　　　　　　　　　0.75

N ： 灯具の配列による係数　　千鳥配列＝1

W ： 車道幅員（m）　　　　　6.0 m

L_r ： 設計輝度（cd/m²）　　　1.5 cd/m²

K ： 平均照度換算係数（lx/cd/m²）　13 lx/cd/m²

（付式2-5）に各値を代入すると，

$S \leq (4{,}135 \times 0.372 \times 0.75 \times 1)/(1.5 \times 6.0 \times 13) = 9.9$ m以下

したがって、灯具間隔は9.5 mとする。

このときの平均路面輝度は付式2-5を変形した次式より求まり，規定値を満足していることが確認できる。

$L_r = (4{,}135 \times 0.372 \times 0.75 \times 1)/(6.0 \times 13 \times 9.5) \fallingdotseq 1.6$ cd/m² $\geq$ 1.5 cd/m²

本設計例では付図2-32に示すように，基本照明の灯具を9.5 mの間隔で千鳥配列にて連続的に配置するものとする。

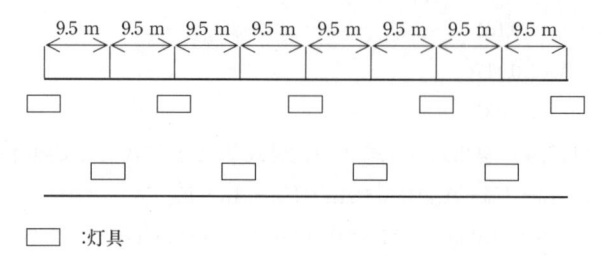

付図2－32　基本照明灯具の配置図

ⅱ）輝度均斉度

　　各種諸条件より，逐点法による輝度計算（直射成分のみ）を行い，最小値（L_{min}）と平均値（L_{ave}）を用いて総合均斉度（U_o）を算出し，車線軸上の最小値（$L_{min(\ell)}$）と最大値（$L_{max(\ell)}$）を用いて車線軸均斉度（U_ℓ）を算出する。

　　総合均斉度

　　　　$U_o = L_{min}/L_{ave} = 0.64 \geqq 0.4$

　　車線軸均斉度（推奨値）

　　　　$U_\ell = L_{min(\ell)}/L_{max(\ell)} = 0.6 \geqq 0.6$

　　計算結果より，規定値を満足していることが確認できる。（規定値を満足していない場合は灯具間隔を調整し，再度輝度均斉度の計算を行い，規定値を満足することを確認する。）

ⅲ）視機能低下グレア

　　視機能低下グレアについては，逐点法によって算出する視線に垂直な面における照度（E_v）と視線と光源とのなす角（θ）から求めた等価光幕輝度（L_v）および平均路面輝度（L_r）を初期の状態（保守率 $M=1$）で計算し，次式により相対閾値増加TIを算出する。

$$TI = 65 \cdot \frac{L_v}{L_r^{0.8}} = 2.7\% \leqq 15\% \quad (L_r \leqq 5\ cd/m^2 の場合)$$

計算結果より，規定値を満足していることが確認できる。

ⅳ）誘導性

　　基本照明の灯具は，路面上5.0 mの位置に千鳥配列で付図2－32のように一定の間隔で配置し，平均路面輝度，輝度均斉度，視機能低下グレアがいずれも規定値を満足していることにより，道路構造や道路線形が明瞭になり，良好な視覚的誘導効果が得られる。また，灯具を適切に配置することにより優れた光学的誘導

効果が得られるため，誘導性についても性能指標を満足していると判断できる。

ⅴ）壁面輝度（推奨値）

下記に示す計算式により路面上1.0 mの壁面（H_m）の照明率を求め，壁面と路面の輝度比を算出する。

本設計例では，壁面は内装が施されていないため，壁面輝度の値が路面輝度の0.6倍以上であることを確認する。

a）直射照明率の算出（左右の灯具共通）

付図2－29，付図2－30より各部の直射照明率を求めた値を下記に示す。

天井面への直射照明率

U_{10} ＝（ 90.0°）－（ 41.1°）＝0.283－0.236＝0.047

灯具に近い壁面H_mに対する直射照明率

U_{20}' ＝（－73.2°）－（－68.7°）＝0.365－0.363＝0.002

灯具に近い全壁面H_mに対する直射照明率

U_{20} ＝（－90.0°）－（－68.7°）＝0.367－0.363＝0.004

灯具に遠い壁面H_mに対する直射照明率

U_{30}' ＝（ 10.6°）－（ 4.8°）＝0.111－0.056＝0.055

灯具に遠い全壁面H_mに対する直射照明率

U_{30} ＝（ 41.1°）－（ 4.8°）＝0.236－0.056＝0.180

全幅員に対する直射照明率

U_{40} ＝（－68.7°）＋（ 4.8°）＝0.363＋0.056＝0.419

各部の係数を求めるための全幅員（W_o）と高さ（H_o）の比を下記に示す。

W_o/H_o＝8.6/5＝1.7

各部の反射係数は付表2－24（コンクリート舗装）より求める。

　天井面の反射率（$\rho 1$）　　　：25 %

　壁面の反射率（$\rho 2$，$\rho 3$）：25 %

　路面の反射率（$\rho 4$）　　　：25 %

A_{21}，A_{31}：0.068

A_{23}，A_{32}：0.082

A_{22}，A_{33}：1.018

A_{24}，A_{34}：0.068

b）照明率の算出（左右の灯具共通）

各値を照明率の算出式（付式2－1，付式2－2）に代入して照明率を求める。

灯具に近い全壁面H_oに対する照明率

$U_2 = A_{21} \cdot U_{10} + A_{22} \cdot U_{20} + A_{23} \cdot U_{30} + A_{24} \cdot U_{40}$

$= 0.068 \times 0.047 + 1.018 \times 0.004 + 0.082 \times 0.180 + 0.068 \times 0.419 = 0.051$

灯具に遠い全壁面H_oに対する照明率

$U_3 = A_{31} \cdot U_{10} + A_{32} \cdot U_{20} + A_{33} \cdot U_{30} + A_{34} \cdot U_{40}$

$= 0.068 \times 0.047 + 0.082 \times 0.004 + 1.018 \times 0.180 + 0.068 \times 0.419 = 0.215$

灯具に近い壁面H_mに対する照明率

$U_2' = U_{20}' + (H_m/H_o) \cdot (U_2 - U_{20})$

$= 0.002 + (1.0/5.0) \times (0.051 - 0.004) = 0.011$

灯具に遠い壁面H_mに対する照明率

$U_3' = U_{30}' + (H_m/H_o) \cdot (U_3 - U_{30})$

$= 0.055 + (1.0/5.0) \times (0.215 - 0.180) = 0.062$

c）輝度比の算出（左右の灯具共通）

各値を下記の算出式（付式2－4）に代入して輝度比を求める。

$$\frac{L_w}{L_r} = K \cdot \frac{\rho_w}{\pi} \cdot \frac{W}{H_m} \cdot \frac{U_2' + U_3'}{2 \cdot U}$$

$$= 13 \times \frac{0.25}{\pi} \times \frac{6}{1.0} \times \frac{0.011 + 0.062}{2 \times 0.372} = 0.61$$

よって壁面と路面の輝度比は，推奨値である路面輝度の0.6倍以上であることが確認できる。

トンネル内に内装が施される場合は，内装の反射率，内装の高さにより平均の反射率を求めて壁面と路面の輝度比を算出する。

vi）ちらつき

表解5－2より，ちらつき防止のために避けるべき灯具の間隔は，0.6～2.2 mであるため基本照明の灯具間隔を9.5 mとしても問題ない。

8）入口部照明の設計

ⅰ）野外輝度の算出

野外輝度は，トンネル坑口の方位，地形および地物などを考慮して下記のように設定する。

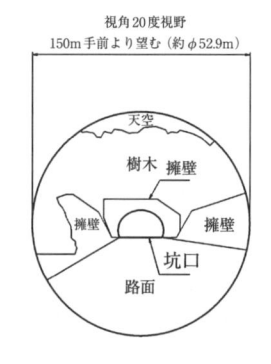

付図 2 − 33　トンネル坑口の状況（設計例Ⅴ：Ⅴ − 2）

　当該トンネルの坑口付近の状況から，視角20度の円形視野内にある天空や地物などの面積比を求め，表解 5 − 3 から坑口の方位別の値を読み取り，式（5.8）によって算出する。本設計の坑口の方位は，東・西の場合とする。

　付図 2 − 33より面積比を求め，表解 5 − 3 から部分輝度（坑口方位：東・西）を読み取り，式（5.8）に各値を代入して算出した結果を下記に示す。

付表 2 − 21　計算に用いる部分輝度および面積比

	天空輝度 L_s	路面輝度 L_r	抗口周辺の輝度 L_e				抗口 L_h
			擁壁	樹木	建物	草	
部分輝度 (cd/m^2)	8,000	3,500	2,000	1,500	3,000	2,000	0
面積比	0.046	0.358	0.183	0.386	0	0	0.027

$$L_{20} = A_S \cdot L_S + A_r \cdot L_r + A_e \cdot L_e + A_h \cdot L_h$$
$$= 0.046 \times 8,000 + 0.358 \times 3,500 + (0.183 \times 2,000 + 0.386 \times 1,500)$$
$$\fallingdotseq 2,600 \ (cd/m^2)$$

　以上の結果より，野外輝度は2,600 cd/m^2として設計をおこなうものとする。

　ただし，坑口周辺の状況が未確定で上記の方法による計算ができないときに野外輝度を求める場合は，表からの選択による方法として表解 5 − 4 より求めることができる。

　20度視野に占める天空の面積比 A_S に対する野外輝度は，付図 2 − 33より天空の面積比を求めると $A_S < 0.05$ のため，野外輝度は2,500 cd/m^2 となる。

なお，計算による方法から求めた野外輝度は，表からの選択による方法から求めた場合より精度が高いため，計算による方法から算出した値を優先するとよい。

ii) 入口部照明各部の路面輝度と長さ

5-4 入口部・出口部照明の規定および設計条件に基づいて，入口照明の制御を2段階に設定した場合の値を以下に示す。

a) 境　界　部

　　路面輝度：L_1=29×(2,600/3,300)=22.8 cd/m² 　100 %（晴天）

　　路面輝度：L_1=29×(2,600/3,300)×0.5=11.4 cd/m² 　50 %（曇天）

　　長　　さ：ℓ_1=15 m 　100 %（晴天），50 %（曇天）

b) 移　行　部

　　路面輝度：L_2=20×(2,600/3,300)=15.8 cd/m² 　100 %（晴天）

　　路面輝度：L_2=20×(2,600/3,300)×0.5=7.9 cd/m² 　50 %（曇天）

　　長　　さ：ℓ_2=30 m 　100 %（晴天），50 %（曇天）

c) 緩　和　部

　　路面輝度：L_3=1.5 cd/m²

　　長　　さ：ℓ_3=($\log_{10}15.8-\log_{10}1.5$)×40/0.55≒75 m 　100 %（晴天）

　　長　　さ：ℓ_3=($\log_{10}7.9-\log_{10}1.5$)×40/0.55≒53 m 　50 %（曇天）

d) 入口部照明各部の路面輝度と長さを付表2-22に示す。

付表2-22　入口部照明各部の路面輝度と長さ

（設計速度=40 km/h，野外輝度=2,600 cd/m²）

	路面輝度（cd/m²）			長　　さ　（m）		
	境界部	移行部	緩和部	境界部	移行部	緩和部
100%(晴天)	22.8	15.8	1.5	15	30	75
50%(曇天)	11.4	7.9	1.5	15	30	53

注）上表の下段は2段階制御を考慮して，50 %（曇天）の路面輝度と長さを求めた例である。

入口部照明曲線を付図2-34に示す。

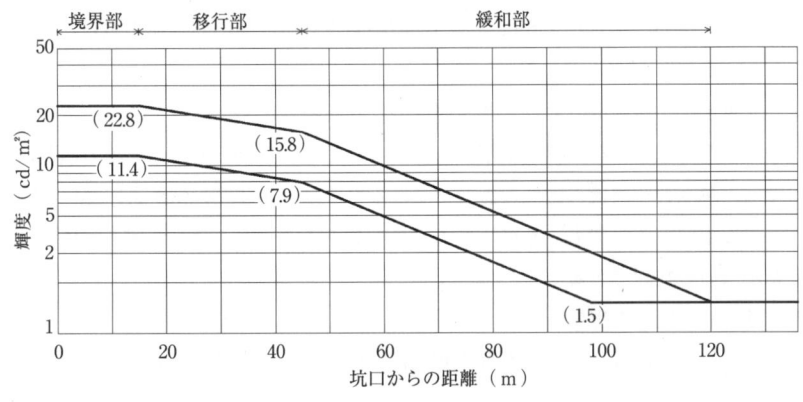

付図2−34　入口部照明曲線

ⅲ）入口部照明曲線

　　入口部照明曲線の路面輝度を満足する光源の組合せと配列を決定する。

　　入口部照明は境界部以降，徐々に所要路面輝度が低下するため，適宜必要な光源および数量を検討し，所要路面輝度を満たす組合せを選定する。下記に設計事例を示す。

　　なお，本設計例は，入口部照明の調光を2段階としており，路面輝度の比率が100％および50％時の点灯パターンを配慮して設計したものである。

　　また，路面輝度の比率が50％の場合は，路面輝度が100％の時と同様に設計すればよい。

付表2−23　入口部照明の計算結果

	灯数（光源別）※			入口照明	基本照明	入口部照明
	NHT180	NHT110	FHP45	路面輝度	路面輝度	路面輝度
A区間：12.5m	2			−		−
B区間： 9.5m	4			25.3		26.9
C区間：19.0m	4	4		19.6	1.6	21.2
D区間：19.0m		8		13.8		15.4
E区間：19.0m		4		6.9		8.5
F区間：19.0m			4	3.1		4.7
G区間：28.5m			3	1.5		3.1
合　計：126.5m	10	16	7	−	−	−

※光源のNHTは，高圧ナトリウムランプ，FHPは高周波点灯専用形蛍光ランプを示す

付図2-35に示したように，入口部照明の設計値は入口部各部の規定値を満足していることが確認できる。

光束法による輝度計算は，基本照明の灯具間隔毎に路面輝度を算出しているため，入口部照明の路面輝度は階段状の値を示している。しかし，実際の照明施設では，隣り合う前後の区間の影響を受けるため，路面輝度の値が入口部照明曲線を一部下回っていても，その下回る部分の長さが5 m以下であれば，実用上は問題が無いと判断できる。

ⅳ）壁 面 輝 度（推奨値）

下記に示す計算式により路面上1.0 mの壁面（H_o）の照明率を求め，壁面と路面の輝度比を算出する。

本設計例では，壁面は内装が施されていないため，壁面輝度の値が路面輝度の0.6倍以上であることを確認する。

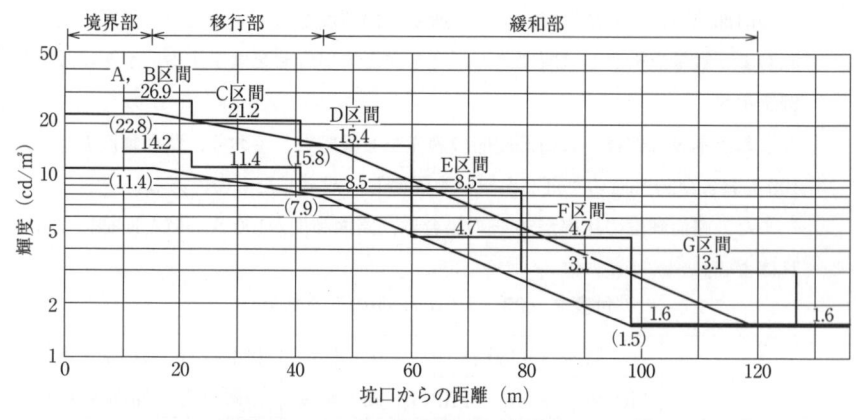

付図2-35　入口照明曲線（設計例Ⅴ-2）

a）直射照明率の算出（左右の灯具共通）

付図2-29，付図2-31より各部の直射照明率を求めた値を下記に示す。

天井面への直射照明率

U_{10} =（ 90.0°）-（ 41.1°）=0.320-0.260=0.060

灯具に近い壁面H_mに対する直射照明率

U_{20}' =（-73.2°）-（-68.7°）=0.323-0.320=0.003

灯具に近い全壁面H_oに対する直射照明率

U_{20} =（-90.0°）-（-68.7°）=0.330-0.320=0.010

灯具に遠い壁面H_mに対する直射照明率

$U_{30}' = ($ 10.6° $) - ($ 4.8° $) = 0.099 - 0.047 = 0.052$

灯具に遠い全壁面H_oに対する直射照明率

$U_{30} = ($ 41.1° $) - ($ 4.8° $) = 0.260 - 0.047 = 0.213$

全幅員に対する直射照明率

$U_{40} = (-68.7°) + ($ 4.8° $) = 0.320 + 0.047 = 0.367$

各部の係数を求めるための全幅員（W_o）と高さ（H_o）の比を下記に示す。

$W_o/H_o = 8.6/5 = 1.7$

各部の反射係数は付表2-24（コンクリート舗装）より求める。

　天井面の反射率（$\rho 1$）　　：25 %

　壁面の反射率（$\rho 2$,　$\rho 3$）：25 %

　路面の反射率（$\rho 4$）　　：25 %

　A_{21},　A_{31}：0.068

　A_{23},　A_{32}：0.004

　A_{22},　A_{33}：1.018

　A_{24},　A_{34}：0.068

b）照明率の算出（左右の灯具共通）

各値を照明率の算出式（付式2-1, 付式2-2）に代入して照明率を求める。

灯具に近い全壁面H_oに対する照明率

$U_2 = A_{21} \cdot U_{10} + A_{22} \cdot U_{20} + A_{23} \cdot U_{30} + A_{24} \cdot U_{40}$

$= 0.068 \times 0.060 + 1.018 \times 0.010 + 0.081 \times 0.213 + 0.068 \times 0.367 = 0.056$

灯具に遠い全壁面H_oに対する照明率

$U_3 = A_{31} \cdot U_{10} + A_{32} \cdot U_{20} + A_{33} \cdot U_{30} + A_{34} \cdot U_{40}$

$= 0.068 \times 0.060 + 0.081 \times 0.010 + 1.018 \times 0.213 + 0.068 \times 0.367 = 0.247$

灯具に近い壁面H_mに対する照明率

$U_2' = U_{20}' + (H_m/H_o) \cdot (U_2 - U_{20})$

$= 0.003 + (1.0/5.0) \times (0.056 - 0.010) = 0.012$

灯具に遠い壁面H_mに対する照明率

$U_3' = U_{30}' + (H_m/H_o) \cdot (U_3 - U_{30})$

$= 0.052 + (1.0/5.0) \times (0.247 - 0.213) = 0.058$

c）輝度比の算出（左右の灯具共通）

各値を下記の算出式（付式2-4）に代入して輝度比を求める。

$$\frac{L_w}{L_r} = K \cdot \frac{\rho_w}{\pi} \cdot \frac{W}{H_w} \cdot \frac{U_2' + U_3'}{2 \cdot U}$$

$$= 13 \times \frac{0.25}{\pi} \times \frac{6}{1.0} \times \frac{0.012 + 0.058}{2 \times 0.329} = 0.66$$

よって壁面と路面の輝度比は,推奨値である路面輝度の0.6倍以上であることが確認できる。

トンネル内に内装が施される場合は，内装の反射率，内装の高さより平均の反射率を求めて壁面と路面の輝度比を算出する。

(4) 評　　価

（3)の7)基本照明の設計, 8)入口部照明の設計より規定値および推奨値を満足している。

付表 2-24 (1) 照明率を求めるための係数 コンクリート舗装

路面反射率 $\rho 4=25\%$ の場合 $\rho 1$：天井反射率（％），$\rho 2$, $\rho 3$：壁面反射率（％）

W_0/H_0	$\rho 1$	$\rho 2, \rho 3$	$\rho 4$	A41	A42, A43	A44	A21, A31	A23, A32	A22, A33	A24, A34
0.8	10	25	25	0.040	0.077	1.016	0.040	0.132	1.024	0.097
		40		0.044	0.137	1.026	0.045	0.219	1.058	0.107
		60		0.052	0.239	1.043	0.052	0.353	1.129	0.124
	25	25	25	0.103	0.083	1.022	0.103	0.137	1.029	0.103
		40		0.114	0.147	1.034	0.115	0.229	1.068	0.115
		60		0.134	0.260	1.054	0.135	0.373	1.150	0.135
	40	25	25	0.167	0.088	1.028	0.168	0.142	1.035	0.110
		40		0.187	0.158	1.042	0.188	0.239	1.078	0.123
		60		0.222	0.282	1.065	0.224	0.395	1.171	0.146
1.0	10	25	25	0.047	0.086	1.017	0.036	0.114	1.020	0.086
		40		0.051	0.151	1.027	0.040	0.189	1.047	0.094
		60		0.058	0.257	1.043	0.045	0.300	1.101	0.107
	25	25	25	0.119	0.093	1.026	0.093	0.119	1.026	0.093
		40		0.131	0.164	1.037	0.102	0.199	1.057	0.102
		60		0.150	0.282	1.056	0.117	0.319	1.120	0.117
	40	25	25	0.195	0.100	1.034	0.152	0.125	1.031	0.100
		40		0.215	0.177	1.048	0.167	0.209	1.067	0.110
		60		0.249	0.308	1.071	0.194	0.340	1.141	0.128
1.2	10	25	25	0.052	0.093	1.018	0.033	0.101	1.018	0.078
		40		0.056	0.161	1.028	0.035	0.165	1.039	0.084
		60		0.063	0.270	1.043	0.040	0.260	1.082	0.093
	25	25	25	0.134	0.102	1.029	0.085	0.106	1.023	0.085
		40		0.145	0.176	1.040	0.092	0.175	1.048	0.092
		60		0.163	0.298	1.058	0.103	0.278	1.100	0.103
	40	25	25	0.218	0.110	1.040	0.138	0.111	1.028	0.091
		40		0.238	0.192	1.053	0.151	0.185	1.058	0.100
		60		0.271	0.329	1.075	0.172	0.298	1.119	0.114
1.4	10	25	25	0.057	0.099	1.019	0.030	0.090	1.015	0.071
		40		0.061	0.169	1.028	0.032	0.147	1.033	0.075
		60		0.067	0.280	1.042	0.035	0.229	1.068	0.083
	25	25	25	0.145	0.108	1.031	0.077	0.094	1.020	0.077
		40		0.156	0.187	1.042	0.083	0.156	1.042	0.083
		60		0.174	0.311	1.060	0.092	0.246	1.085	0.092
	40	25	25	0.238	0.118	1.045	0.126	0.100	1.025	0.084
		40		0.257	0.205	1.058	0.137	0.165	1.052	0.091
		60		0.289	0.345	1.079	0.153	0.264	1.103	0.102
1.6	10	25	25	0.061	0.104	1.020	0.028	0.081	1.014	0.065
		40		0.065	0.176	1.029	0.030	0.132	1.029	0.069
		60		0.071	0.287	1.042	0.032	0.205	1.058	0.075
	25	25	25	0.156	0.114	1.034	0.071	0.086	1.019	0.071
		40		0.167	0.195	1.045	0.076	0.141	1.038	0.076
		60		0.183	0.321	1.061	0.084	0.221	1.074	0.084
	40	25	25	0.255	0.125	1.049	0.117	0.091	1.024	0.078
		40		0.274	0.218	1.062	0.125	0.150	1.047	0.084
		60		0.304	0.358	1.082	0.139	0.237	1.091	0.093
1.8	10	25	25	0.064	0.107	1.021	0.026	0.074	1.013	0.060
		40		0.068	0.181	1.029	0.027	0.120	1.026	0.063
		60		0.073	0.293	1.041	0.029	0.185	1.050	0.068
	25	25	25	0.165	0.119	1.036	0.066	0.078	1.017	0.066
		40		0.175	0.202	1.046	0.070	0.128	1.034	0.070
		60		0.190	0.329	1.062	0.076	0.199	1.065	0.076
	40	25	25	0.269	0.131	1.053	0.108	0.083	1.022	0.073
		40		0.283	0.224	1.065	0.115	0.137	1.043	0.078
		60		0.316	0.369	1.084	0.127	0.215	1.081	0.085
2.0	10	25	25	0.067	0.110	1.021	0.024	0.067	1.012	0.055
		40		0.071	0.185	1.029	0.025	0.109	1.023	0.058
		60		0.076	0.298	1.040	0.027	0.168	1.044	0.062
	25	25	25	0.172	0.123	1.038	0.061	0.072	1.016	0.061
		40		0.182	0.207	1.048	0.065	0.117	1.031	0.065
		60		0.196	0.336	1.062	0.070	0.182	1.058	0.070
	40	25	25	0.282	0.136	1.057	0.101	0.076	1.021	0.068
		40		0.299	0.231	1.068	0.107	0.125	1.039	0.072
		60		0.326	0.377	1.086	0.116	0.197	1.073	0.079

W_o/H_o	$\rho 1$	$\rho 2, \rho 3$	$\rho 4$	A41	A42, A43	A44	A21, A31	A23, A32	A22, A33	A24, A34
2.2	10	25	25	0.070	0.113	1.021	0.022	0.062	1.011	0.051
		40		0.073	0.189	1.029	0.023	0.101	1.021	0.054
		60		0.078	0.302	1.039	0.025	0.154	1.039	0.057
	25	25	25	0.179	0.126	1.040	0.057	0.066	1.015	0.057
		40		0.188	0.212	1.049	0.060	0.108	1.028	0.060
		60		0.201	0.342	1.063	0.065	0.167	1.052	0.065
	40	25	25	0.293	0.140	1.060	0.094	0.071	1.019	0.064
		40		0.310	0.237	1.071	0.099	0.116	1.036	0.067
		60		0.335	0.384	1.088	0.108	0.181	1.066	0.073
2.4	10	25	25	0.072	0.115	1.022	0.021	0.057	1.010	0.048
		40		0.075	0.197	1.028	0.022	0.093	1.019	0.050
		60		0.079	0.305	1.039	0.023	0.143	1.035	0.053
	25	25	25	0.184	0.129	1.041	0.054	0.061	1.014	0.054
		40		0.193	0.216	1.050	0.056	0.100	1.026	0.056
		60		0.206	0.346	1.063	0.060	0.155	1.047	0.060
	40	25	25	0.302	0.144	1.062	0.088	0.066	1.018	0.060
		40		0.318	0.242	1.073	0.093	0.108	1.034	0.063
		60		0.343	0.391	1.090	0.100	0.168	1.060	0.068
2.6	10	25	25	0.074	0.117	1.022	0.020	0.053	1.009	0.045
		40		0.077	0.194	1.028	0.020	0.087	1.017	0.047
		60		0.081	0.308	1.038	0.022	0.132	1.032	0.049
	25	25	25	0.189	0.132	1.043	0.051	0.057	1.013	0.051
		40		0.198	0.220	1.051	0.053	0.093	1.024	0.053
		60		0.210	0.350	1.063	0.056	0.144	1.043	0.056
	40	25	25	0.311	0.147	1.065	0.083	0.061	1.017	0.056
		40		0.326	0.247	1.075	0.087	0.100	1.031	0.059
		60		0.349	0.396	1.091	0.093	0.156	1.056	0.063
2.8	10	25	25	0.075	0.118	1.022	0.018	0.049	1.008	0.042
		40		0.078	0.196	1.028	0.019	0.080	1.016	0.043
		60		0.082	0.309	1.037	0.020	0.123	1.029	0.046
	25	25	25	0.193	0.133	1.044	0.047	0.053	1.012	0.047
		40		0.201	0.222	1.051	0.049	0.087	1.022	0.049
		60		0.213	0.353	1.063	0.052	0.134	1.040	0.052
	40	25	25	0.318	0.149	1.067	0.078	0.057	1.016	0.053
		40		0.333	0.250	1.077	0.082	0.094	1.029	0.055
		60		0.355	0.400	1.092	0.087	0.145	1.051	0.059
3.0	10	25	25	0.077	0.119	1.022	0.017	0.046	1.007	0.039
		40		0.079	0.198	1.028	0.018	0.075	1.014	0.041
		60		0.083	0.311	1.036	0.019	0.115	1.026	0.043
	25	25	25	0.197	0.135	1.045	0.045	0.050	1.011	0.045
		40		0.205	0.225	1.052	0.046	0.082	1.021	0.046
		60		0.216	0.356	1.063	0.049	0.125	1.037	0.049
	40	25	25	0.325	0.152	1.069	0.074	0.054	1.015	0.050
		40		0.339	0.254	1.078	0.077	0.088	1.027	0.052
		60		0.360	0.404	1.093	0.082	0.136	1.048	0.056
3.2	10	25	25	0.078	0.121	1.022	0.016	0.044	1.007	0.037
		40		0.080	0.200	1.028	0.017	0.071	1.013	0.039
		60		0.084	0.313	1.036	0.018	0.108	1.024	0.040
	25	25	25	0.201	0.137	1.046	0.042	0.047	1.010	0.042
		40		0.208	0.227	1.053	0.044	0.077	1.019	0.044
		60		0.219	0.359	1.064	0.046	0.118	1.034	0.046
	40	25	25	0.331	0.154	1.071	0.070	0.051	1.014	0.048
		40		0.344	0.257	1.080	0.073	0.083	1.026	0.050
		60		0.365	0.408	1.094	0.077	0.128	1.045	0.053
3.4	10	25	25	0.079	0.122	1.022	0.015	0.041	1.007	0.035
		40		0.081	0.201	1.028	0.016	0.067	1.013	0.037
		60		0.085	0.315	1.035	0.017	0.102	1.023	0.038
	25	25	25	0.204	0.138	1.047	0.040	0.045	1.010	0.040
		40		0.211	0.229	1.054	0.042	0.073	1.018	0.042
		60		0.221	0.361	1.064	0.044	0.111	1.032	0.044
	40	25	25	0.336	0.156	1.072	0.067	0.048	1.013	0.046
		40		0.349	0.260	1.081	0.069	0.079	1.024	0.047
		60		0.369	0.411	1.094	0.073	0.121	1.042	0.050
3.6	10	25	25	0.080	0.123	1.022	0.015	0.039	1.006	0.034
		40		0.083	0.202	1.027	0.015	0.063	1.012	0.035
		60		0.086	0.316	1.035	0.016	0.097	1.021	0.036
	25	25	25	0.207	0.140	1.047	0.038	0.042	1.009	0.038
		40		0.214	0.231	1.054	0.040	0.069	1.017	0.040
		60		0.224	0.363	1.064	0.042	0.106	1.030	0.042
	40	25	25	0.341	0.158	1.074	0.064	0.046	1.013	0.043
		40		0.354	0.262	1.083	0.066	0.075	1.023	0.045
		60		0.372	0.414	1.095	0.070	0.115	1.040	0.047

付表 2－24（2）照明率を求めるための係数　アスファルト舗装
路面反射率　ρ4=10%の場合　ρ1：天井反射率（%），ρ2，ρ3：壁面反射率（%）

W_0/H_0	ρ1	ρ2, ρ3	ρ4	A41	A42, A43	A44	A21, A31	A23, A32	A22, A33	A24, A34
0.8	10	25	10	0.040	0.077	1.006	0.038	0.127	1.020	0.038
		40		0.044	0.135	1.010	0.042	0.210	1.049	0.042
		60		0.050	0.233	1.016	0.048	0.335	1.112	0.048
	25	25	10	0.101	0.081	1.008	0.097	0.132	1.024	0.040
		40		0.112	0.144	1.013	0.107	0.219	1.058	0.045
		60		0.130	0.252	1.020	0.124	0.353	1.129	0.052
	40	25	10	0.164	0.086	1.011	0.157	0.136	1.029	0.043
		40		0.182	0.154	1.016	0.174	0.228	1.067	0.048
		60		0.214	0.271	1.025	0.205	0.371	1.148	0.056
1.0	10	25	10	0.046	0.086	1.006	0.034	0.110	1.016	0.034
		40		0.050	0.149	1.010	0.037	0.180	1.038	0.037
		60		0.056	0.251	1.017	0.041	0.284	1.085	0.041
	25	25	10	0.118	0.092	1.010	0.086	0.114	1.020	0.036
		40		0.128	0.160	1.014	0.094	0.189	1.047	0.040
		60		0.145	0.273	1.022	0.107	0.300	1.101	0.045
	40	25	10	0.191	0.098	1.013	0.140	0.119	1.025	0.039
		40		0.209	0.172	1.018	0.154	0.198	1.055	0.043
		60		0.239	0.296	1.027	0.176	0.317	1.118	0.049
1.2	10	25	10	0.052	0.092	1.007	0.030	0.096	1.013	0.030
		40		0.055	0.159	1.011	0.033	0.157	1.031	0.033
		60		0.061	0.263	1.016	0.036	0.245	1.067	0.036
	25	25	10	0.131	0.100	1.011	0.078	0.101	1.018	0.033
		40		0.141	0.172	1.015	0.084	0.165	1.039	0.035
		60		0.158	0.288	1.022	0.093	0.260	1.082	0.040
	40	25	10	0.213	0.107	1.015	0.126	0.105	1.022	0.035
		40		0.230	0.186	1.020	0.137	0.174	1.047	0.038
		60		0.259	0.315	1.028	0.154	0.276	1.097	0.043
1.4	10	25	10	0.056	0.098	1.007	0.028	0.085	1.011	0.028
		40		0.060	0.167	1.011	0.029	0.139	1.026	0.029
		60		0.065	0.273	1.016	0.032	0.216	1.054	0.032
	25	25	10	0.143	0.106	1.012	0.071	0.090	1.015	0.030
		40		0.152	0.182	1.016	0.075	0.147	1.033	0.032
		60		0.168	0.300	1.023	0.083	0.229	1.068	0.035
	40	25	10	0.231	0.115	1.017	0.114	0.094	1.020	0.032
		40		0.248	0.198	1.022	0.123	0.155	1.041	0.035
		60		0.276	0.329	1.030	0.136	0.244	1.082	0.039
1.6	10	25	10	0.060	0.103	1.008	0.026	0.077	1.010	0.026
		40		0.064	0.173	1.011	0.027	0.125	1.022	0.027
		60		0.069	0.280	1.016	0.029	0.192	1.046	0.029
	25	25	10	0.153	0.112	1.013	0.065	0.081	1.014	0.028
		40		0.162	0.190	1.017	0.069	0.132	1.029	0.030
		60		0.176	0.310	1.024	0.075	0.205	1.058	0.032
	40	25	10	0.248	0.122	1.019	0.105	0.085	1.018	0.030
		40		0.264	0.208	1.024	0.112	0.140	1.037	0.032
		60		0.289	0.341	1.031	0.123	0.218	1.071	0.036
1.8	10	25	10	0.064	0.106	1.008	0.024	0.070	1.009	0.024
		40		0.067	0.178	1.011	0.025	0.113	1.019	0.025
		60		0.072	0.286	1.016	0.027	0.173	1.039	0.027
	25	25	10	0.161	0.116	1.014	0.060	0.074	1.013	0.026
		40		0.170	0.196	1.018	0.063	0.120	1.026	0.027
		60		0.183	0.318	1.024	0.068	0.185	1.050	0.029
	40	25	10	0.261	0.127	1.021	0.097	0.077	1.017	0.028
		40		0.277	0.215	1.025	0.102	0.127	1.033	0.030
		60		0.301	0.351	1.032	0.111	0.197	1.063	0.032
2.0	10	25	10	0.066	0.109	1.008	0.022	0.064	1.008	0.022
		40		0.069	0.182	1.011	0.023	0.103	1.017	0.023
		60		0.074	0.291	1.016	0.024	0.157	1.033	0.024
	25	25	10	0.168	0.120	1.015	0.055	0.067	1.012	0.024
		40		0.177	0.202	1.019	0.058	0.109	1.023	0.025
		60		0.189	0.324	1.024	0.062	0.168	1.044	0.027
	40	25	10	0.273	0.131	1.022	0.089	0.071	1.015	0.026
		40		0.288	0.222	1.026	0.094	0.116	1.030	0.028
		60		0.310	0.359	1.033	0.102	0.180	1.056	0.030

W_0/H_0	$\rho1$	$\rho2, \rho3$	$\rho4$	A41	A42, A43	A44	A21, A31	A23, A32	A22, A33	A24, A34
2.2	10	25	10	0.069	0.112	1.008	0.020	0.059	1.007	0.020
		40		0.072	0.186	1.011	0.021	0.095	1.015	0.021
		60		0.076	0.295	1.015	0.022	0.144	1.029	0.022
	25	25	10	0.174	0.123	1.016	0.051	0.062	1.011	0.022
		40		0.182	0.206	1.019	0.054	0.101	1.021	0.023
		60		0.194	0.329	1.024	0.057	0.154	1.039	0.025
	40	25	10	0.283	0.135	1.023	0.083	0.065	1.014	0.025
		40		0.297	0.227	1.027	0.087	0.107	1.027	0.026
		60		0.318	0.365	1.033	0.094	0.165	1.050	0.028
2.4	10	25	10	0.071	0.114	1.009	0.019	0.054	1.006	0.019
		40		0.074	0.189	1.011	0.020	0.087	1.013	0.020
		60		0.078	0.298	1.015	0.021	0.133	1.026	0.021
	25	25	10	0.180	0.126	1.016	0.048	0.057	1.010	0.021
		40		0.187	0.210	1.019	0.050	0.093	1.019	0.022
		60		0.199	0.334	1.024	0.053	0.143	1.035	0.023
	40	25	10	0.292	0.138	1.024	0.078	0.061	1.013	0.023
		40		0.305	0.232	1.028	0.081	0.099	1.025	0.024
		60		0.325	0.371	1.034	0.087	0.152	1.045	0.026
2.6	10	25	10	0.073	0.115	1.009	0.018	0.050	1.006	0.018
		40		0.075	0.191	1.011	0.018	0.081	1.012	0.018
		60		0.079	0.301	1.015	0.019	0.123	1.023	0.019
	25	25	10	0.185	0.128	1.017	0.045	0.053	1.009	0.020
		40		0.192	0.213	1.020	0.047	0.087	1.017	0.020
		60		0.202	0.337	1.024	0.049	0.132	1.032	0.022
	40	25	10	0.299	0.141	1.025	0.073	0.057	1.012	0.022
		40		0.315	0.236	1.029	0.076	0.092	1.023	0.023
		60		0.331	0.375	1.035	0.081	0.142	1.041	0.024
2.8	10	25	10	0.074	0.117	1.008	0.016	0.046	1.005	0.016
		40		0.076	0.193	1.011	0.017	0.075	1.010	0.017
		60		0.080	0.303	1.014	0.018	0.115	1.020	0.018
	25	25	10	0.188	0.130	1.017	0.042	0.049	1.008	0.018
		40		0.195	0.216	1.020	0.043	0.080	1.016	0.019
		60		0.205	0.340	1.024	0.046	0.123	1.029	0.020
	40	25	10	0.306	0.143	1.025	0.068	0.053	1.011	0.020
		40		0.318	0.239	1.029	0.071	0.086	1.021	0.021
		60		0.336	0.379	1.034	0.075	0.132	1.038	0.022
3.0	10	25	10	0.076	0.118	1.008	0.015	0.044	1.005	0.015
		40		0.078	0.195	1.011	0.016	0.071	1.010	0.016
		60		0.081	0.305	1.014	0.016	0.107	1.019	0.016
	25	25	10	0.192	0.132	1.017	0.039	0.046	1.007	0.017
		40		0.199	0.218	1.020	0.041	0.075	1.014	0.018
		60		0.208	0.343	1.024	0.043	0.115	1.026	0.019
	40	25	10	0.312	0.146	1.026	0.064	0.049	1.010	0.019
		40		0.324	0.242	1.030	0.067	0.080	1.019	0.020
		60		0.341	0.383	1.035	0.070	0.123	1.035	0.021
3.2	10	25	10	0.077	0.119	1.008	0.014	0.041	1.004	0.014
		40		0.079	0.196	1.011	0.015	0.066	1.009	0.015
		60		0.082	0.306	1.014	0.015	0.101	1.017	0.015
	25	25	10	0.195	0.133	1.017	0.037	0.044	1.007	0.016
		40		0.202	0.220	1.020	0.039	0.071	1.013	0.017
		60		0.211	0.345	1.024	0.040	0.108	1.024	0.018
	40	25	10	0.317	0.148	1.027	0.061	0.047	1.010	0.018
		40		0.329	0.245	1.030	0.063	0.076	1.018	0.019
		60		0.345	0.386	1.035	0.066	0.116	1.032	0.020
3.4	10	25	10	0.078	0.120	1.008	0.014	0.039	1.004	0.014
		40		0.080	0.198	1.011	0.014	0.063	1.008	0.014
		60		0.083	0.308	1.014	0.015	0.095	1.016	0.015
	25	25	10	0.198	0.135	1.018	0.035	0.041	1.007	0.015
		40		0.204	0.222	1.020	0.037	0.067	1.013	0.016
		60		0.213	0.348	1.024	0.038	0.102	1.023	0.017
	40	25	10	0.322	0.149	1.027	0.058	0.044	1.009	0.017
		40		0.333	0.247	1.031	0.060	0.072	1.017	0.018
		60		0.349	0.389	1.035	0.063	0.110	1.030	0.019
3.6	10	25	10	0.079	0.121	1.008	0.013	0.037	1.004	0.013
		40		0.081	0.199	1.010	0.013	0.059	1.008	0.013
		60		0.084	0.309	1.013	0.014	0.090	1.014	0.014
	25	25	10	0.201	0.136	1.018	0.034	0.039	1.006	0.015
		40		0.207	0.224	1.021	0.035	0.063	1.012	0.015
		60		0.215	0.350	1.024	0.036	0.097	1.021	0.016
	40	25	10	0.327	0.151	1.028	0.055	0.042	1.009	0.016
		40		0.337	0.250	1.031	0.057	0.068	1.016	0.017
		60		0.352	0.391	1.036	0.059	0.104	1.028	0.018

付録3　平均路面輝度と輝度均斉度

平均路面輝度の値は，次の二つの条件を考慮しなければならない。
i) 運転者が路面上に落下している可能性のある危険な障害物を，十分前方から視認することができるようにすること
ii) 運転者が先行する自動車の走行している車線を正しく判断でき，前方に障害物が見えないときに障害物がないことを確認できるようにすること

(1) 障害物を視認するために必要な平均路面輝度

道路照明が道路上の障害物の視認に及ぼす影響に関する研究は，国内外で種々の条件で行われている。付図3－1はこれら多数の研究の結果をまとめて，一群の直線にして示したものである。

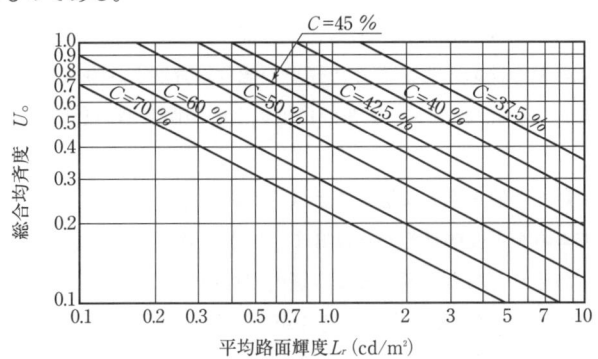

付図3－1　平均路面輝度と総合均斉度の関係*

付図3－1を作成する基礎となった主な実験研究は，次に示すものである。

Dunbar, C., Trans.Illum.Engng Soc.(London) Vol. 6 1941.

Hopkinson, R. G., et al Trans. Illum. Engng Soc.(London) Vol. 6 1941.

Schreuder, D. A., 1964.

成定康平CIE Barcelona 1971.

この直線群は，路面上の障害物を視認するに必要な路面の平均路面輝度L_rと総合均斉度U_oとの関係を示すもので，パラメータは障害物とその背景との輝度対比Cである。

付図3－1は，路面の平均路面輝度が障害物の輝度対比のいかんにかかわらず，これと組み合わされる総合均斉度との間に，

$$L_r = \frac{K}{U_0^2} \quad \text{または} \quad K = U_0^2 \times L_r$$

の関係があることを示している。ただし，Kは$U_0=1.0$すなわち，路面の輝度分布が全く均一な場合に必要な平均路面輝度の値で，障害物の輝度対比によって決まる。

障害物の輝度対比は，障害物の表面の反射特性および反射率，路面上の位置および形状，表面の傾斜（水平面および垂直面に対する），照明器具の配光および取付位置，空気の透明状態，対向車の前照灯などによるグレアなど種々複雑な条件によって左右されるので，実際上の道路上に存在し得る種々雑多な障害物の輝度対比がどのような値になるかを簡単に取り扱うことはできない。しかし，照明技術上，平均路面輝度を決めるにあたって必要なのは，これらの輝度対比のうち，最も低い値がどのようになるかということである。

海外では，輝度対比の値が35％以下になり得るとして問題を取り扱っているが，これに対する明確な調査はない。もし，この35％の値を基礎として付図3－1から平均路面輝度の値を決めるとすると，後述の総合均斉度$U_0=0.4$に対する平均路面輝度の値は，約10 cd/m²となり，現在の10倍以上の照明設備が必要となって到底実施できない。

一方，輝度対比の値を過大に選ぶことは平均路面輝度を低くし得るという点で経済的あるいは省エネルギー的見地からは好ましいが，障害物の視認性が危険なレベルにまで低下するおそれがある。現在まで，国内で行われた検討によると，輝度対比の値を50％にすれば，一部の障害物の視認性が悪くなるが，ほとんどの障害物に対しては，これを視認し得る条件が得られるとされているので，この基準では，障害物の輝度対比を50％として，平均路面輝度を求めることとした。ただし，すべての道路を，輝度対比が50％を基礎として照明することは必ずしも必要ないので，特に明確な理論的背景はないが，輝度対比を60％まで拡大することとし，これによって得られる平均路面輝度を，一般に規格の低い道路に対して適用することとした。

障害物を視認するためには，付図3－1に示されるように総合均斉度を高い値にして平均路面輝度を低い値にするか，平均路面輝度を高い値にして総合均斉度を低くするかのいずれの組合せでも選ぶことができる。

照明施設が消費する電力費を低減させるという点では前者の組合せが好ましいが，

実施にあたっては，異常に狭い間隔で灯具を取り付けなければならず，その結果，道路に沿ってポールが林立し，設備費が膨大となる。これに対し，後者の組合せは設備費は低減できるが，照明施設に消費する電力費が大きくなる。

　この両者のいずれを選択するかについては，種々の考え方があり得るが，現在広く実施されている道路照明施設の規模および平均路面輝度のレベルを大きく上回らないという前提で両者のバランスを得るためには，総合均斉度を約0.4とするのが適切である。

　総合均斉度U_o＝0.4の値は，国際照明委員会（CIE）の自動車道路の照明に関する国際勧告（CIE Pub. No. 12.2, 1977）および欧米各国の道路照明基準の勧告値と一致している。

　このように考えると，付図3－1から障害物の輝度対比に応じて総合均斉度U_O＝0.4に対応する平均路面輝度は，

　　　C＝50％　のとき　L_r＝1.05 cd/m^2
　　　C＝60％　のとき　L_r＝0.52 cd/m^2

を得る。

（2）障害物がないことを確認するために必要な平均路面輝度

　シミュレータおよび実用施設での観測によると，平均路面輝度が0.5 cd/m^{2}を下回ると路面が暗くなりすぎ"障害物が見えないときに，これが存在しないのか見えないのかを区別するための視覚情報"を得ることができなくなる。また，平均路面輝度が0.5 cd/m^{2}以下であると，前方を走行している自動車が曲線部などでどの車線を走行しているかについての正しい判断ができなくなる。したがって，平均路面輝度L_r＝0.5 cd/m^{2}を道路照明の最低の路面輝度と考える必要がある。

付録4　野外輝度の設定について

　従来の基準で用いられてきた「野外の輝度」は"全視野"を対象としたものであったが，本基準においては"視角20度の視野"を対象とした「野外輝度」を用いることとした。

　この「野外輝度」は，トンネル入口手前150 mの地点からトンネル坑口を見たときの，トンネル坑口を中心とした視角20度の円形視野内の平均輝度であり，トンネル坑口の方位，天空および地物などを考慮して設定するものである。

　「第5章　5-4（2）1）i）図解5-10」に示すとおり，運転者の眼の順応輝度と野外輝度との間には一定の関係があるため，本基準では運転者の眼の順応輝度に比べて，計算および測定が容易にできる野外輝度をもとに境界部の輝度を設定している。野外輝度による方法は国際規格等で採用実績があり，現地条件にあった，より高精度な境界部の輝度の設定が可能である。

　従来の基準における「野外の輝度」4,000 cd/m^2の設定水準が，「野外輝度」ではどの水準に相当するかについて，トンネル坑口データ（20度視野内の面積比，坑口方位）を用いて検討した。

　従来の基準において「野外の輝度」で設定されてきたトンネルで，「野外輝度」を調査した結果を下記に示す。

（1）野外輝度の調査

　　調査データは，坑口から視距（設計速度別）だけ離れた地点からのものであるため，従来，「野外の輝度」を設定していた坑口手前150 mの距離に近い視距となる，設計速度100 km/h（視距160 m）および80 km/h（視距110 m）のデータを抽出した。さらに，その中で調査データ数の多い「野外の輝度」3,000 cd/m^2の17本（設計速度100 km/h），および71本（設計速度80 km/h）のトンネルの坑口データ（20度視野内の面積比，坑口方位）を用いた。

　　調査データである「野外輝度計算結果一覧表」は巻末に添付した。

（2）部分輝度の設定

　　部分輝度は，国際照明委員会の技術指針（CIE Pub. No.88-1990）を参考に，日本

における諸条件を加味して検討した。

上記技術指針で示された部分輝度は，主に欧州の調査データをベースとしている。日本と欧州では，緯度の違いにより太陽高度が異なり，日本の方が太陽高度は高くなる。特に坑口が北向きのトンネルでは，運転者の視線前方に太陽が位置するため，その影響が大きくなる。

この太陽高度の違いにより，欧州と日本との間で部分輝度に差異が生ずるため，日本における部分輝度を付表4－1のように設定した。

付表4－1　日本における部分輝度　　単位：cd/m²

坑口方位	天空輝度 L_s	路面輝度 L_r	坑口周辺の輝度 L_e			
			擁壁	樹木	建物	草
北	13,000	4,000	2,000	1,500	2,000	2,000
東・西	8,000	3,500	2,000	1,500	3,000	2,000
南	7,000	3,000	3,000	2,000	4,000	2,000

坑口の方位が，北東・北西・南東・南西の場合は，付表4－1に示す各坑口方位に対応した部分輝度の平均値を用いる。

付表4－2　参考：CIE Pub.No.88-1990 における部分輝度
単位：cd/m²

坑口方位	天空輝度 L_s	路面輝度 L_r	坑口周辺の輝度 L_e			
			擁壁	樹木	建物	草
北	16,000	5,000	2,000	2,000	4,000	2,000
東・西	12,000	4,000	2,000	2,000	6,000	2,000
南	8,000	3,000	3,000	2,000	8,000	2,000

（3）野外輝度の検討

調査対象トンネルの20度視野内の天空・地物の面積比から，野外輝度の計算式および付表4－1の部分輝度を用いて野外輝度の計算を行い，設計速度ごとに整理した結果を付図4－1，付図4－2に示す。

野外輝度 L_{20}（cd/m²）の計算式はつぎのとおりである。

$$L_{20} = A_s \cdot L_s + A_r \cdot L_r + A_e \cdot L_e + A_h \cdot L_h \quad (\text{cd/m}^2)$$

ただし，L_s：天空輝度（cd/m²）　　　　A_s：天空の面積比

L_r：路面輝度（cd/m²）　　　A_r：路面の面積比
L_e：坑口周辺の輝度（cd/m²）　A_e：坑口周辺の面積比
L_h：トンネル内空の輝度（cd/m²）A_h：トンネル内空の面積比
$A_s + A_r + A_e + A_h = 1$

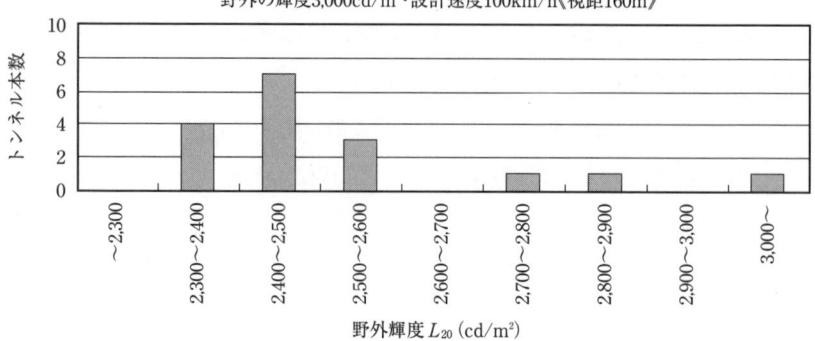

付図4－1　野外輝度の分類と該当するトンネル本数
設計速度100 km/h（合計17本）

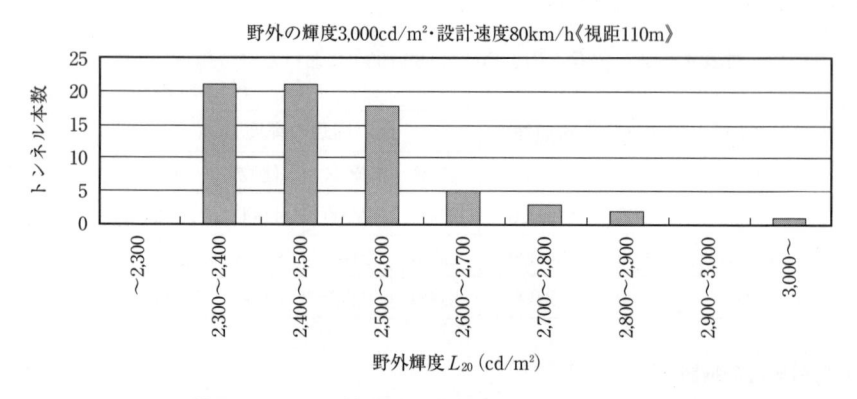

付図4－2　野外輝度の分類と該当するトンネル本数
設計速度80 km/h（合計71本）

上記の結果から，野外輝度は両設計速度において概ね2,300～2,600 cd/m²の間に集中していることがわかった。また，各々の平均値は付図4－1（設計速度100 km/h）で2,527 cd/m²，付図4－2（設計速度80 km/h）で2,495 cd/m²であることから，「野外の輝度」3,000 cd/m²に相当する「野外輝度」は2,500 cd/m²であることがわかった。

なお,「野外の輝度」4,000 cd/m²に対応する「野外輝度」については,「野外の輝度」4,000 cd/m²における調査データが少ないため,「野外の輝度」3,000 cd/m²に対する調査データから比例計算により求めた。その結果,付表4－3に示すとおり,「野外の輝度」4,000 cd/m²に対応する「野外輝度」を3,300 cd/m²に設定した。

$2,500 \times (4,000/3,000) = 3,300$ cd/m²

付表4－3　野外の輝度と野外輝度

単位：cd/m²

野外の輝度（全視野）	野外輝度（20度視野）
3,000	2,500
4,000	3,300

野外の輝度計算結果一覧表

抗口方位番号	方　位
1	東・西
2	南
3	北
4	南西・南東
5	北西・北東

①野外の輝度3,000 cd/m²・設計速度100 km/h

番号	トンネル抗口方位	天空	路面	面積割合 抗口周辺 擁壁	樹木	建物	草	トンネル内空	野外輝度 (cd/m²)
1	2	0	0.410	0.040	0.490	0	0.030	0.030	2,390
2	3	0	0.450	0.030	0.380	0.090	0.030	0.020	2,760
3	4	0	0.420	0.140	0.280	0	0.130	0.030	2,465
4	1	0	0.420	0.060	0.340	0	0.150	0.030	2,400
5	4	0	0.420	0.130	0.350	0	0.060	0.040	2,423
6	1	0.063	0.420	0.070	0.240	0	0.180	0.027	2,834
7	1	0	0.420	0.100	0.250	0	0.190	0.040	2,425
8	1	0	0.392	0.360	0.100	0	0.120	0.028	2,482
9	1	0.130	0.410	0.050	0.380	0	0	0.030	3,145
10	1	0	0.410	0.360	0.090	0	0.110	0.030	2,510
11	1	0	0.410	0.040	0.400	0	0.110	0.040	2,335
12	4	0	0.430	0.100	0.390	0	0.050	0.030	2,430
13	5	0	0.420	0.170	0.290	0	0.090	0.030	2,530
14	1	0	0.430	0.100	0.390	0	0.050	0.030	2,390
15	1	0	0.420	0.170	0.290	0	0.090	0.030	2,425
16	2	0	0.415	0.075	0.484	0	0	0.026	2,438
17	3	0	0.430	0.087	0.457	0	0	0.026	2,580
平均									2,527

②野外の輝度3,000 cd/m²・設計速度80 km/h

番号	トンネル抗口方位	天空	路面	面積割合 抗口周辺 擁壁	樹木	建物	草	トンネル内空	野外輝度 (cd/m²)
1	5	0	0.460	0.390	0.090	0	0	0.060	2,640
2	2	0	0.410	0.240	0.290	0	0	0.060	2,530
3	1	0	0.460	0.030	0.270	0.120	0.070	0.050	2,695
4	1	0	0.450	0.030	0.290	0.100	0.080	0.050	2,630
5	1	0	0.300	0.300	0.150	0.200	0	0.050	2,675
6	1	0.100	0.300	0.300	0.200	0	0.050	0.050	2,850
7	4	0.150	0.310	0.030	0.350	0	0.140	0.020	3,100
8	5	0.020	0.310	0.220	0.300	0.020	0.110	0.020	2,553
9	1	0	0.430	0.116	0.091	0	0.342	0.021	2,558
10	1	0.017	0.448	0.091	0.341	0	0.082	0.021	2,562
11	1	0	0.431	0	0.237	0	0.311	0.021	2,486
12	1	0	0.440	0.042	0.478	0	0.014	0.026	2,369
13	1	0.006	0.468	0.122	0.335	0	0.048	0.021	2,529
14	1	0.046	0.443	0.185	0.245	0	0.060	0.021	2,776
15	5	0	0.455	0.017	0.386	0	0.114	0.028	2,547
16	1	0	0.495	0.017	0.284	0	0.170	0.034	2,533

17	5	0	0.432	0.040	0.307	0	0.193	0.028	2,547
18	4	0.028	0.455	0.005	0.273	0	0.205	0.034	2,589
19	3	0	0.477	0.136	0.285	0	0.074	0.028	2,756
20	4	0	0.454	0.114	0.273	0	0.131	0.028	2,500
21	3	0	0.370	0.190	0.280	0	0.130	0.030	2,540
22	2	0	0.370	0.250	0.340	0	0.020	0.020	2,580
23	2	0	0.370	0.100	0.430	0	0.080	0.020	2,430
24	2	0	0.430	0.050	0.490	0	0	0.030	2,420
25	3	0	0.390	0.030	0.550	0	0	0.030	2,445
26	4	0	0.380	0.590	0	0	0	0.030	2,710
27	4	0	0.400	0.140	0.410	0	0	0.050	2,368
28	5	0	0.470	0.040	0.380	0	0.050	0.060	2,513
29	2	0	0.420	0	0.200	0.060	0.250	0.070	2,460
30	3	0	0.400	0.040	0.180	0.070	0.270	0.040	2,700
31	2	0	0.400	0.030	0.335	0.150	0.050	0.035	2,810
32	5	0	0.400	0.110	0.460	0	0	0.030	2,410
33	4	0	0.390	0.130	0.450	0	0	0.030	2,380
34	5	0	0.320	0.380	0.270	0	0	0.030	2,365
35	4	0	0.390	0.220	0.320	0	0.040	0.030	2,458
36	5	0	0.400	0.130	0.440	0	0	0.030	2,420
37	2	0	0.420	0.100	0.450	0	0	0.030	2,460
38	5	0	0.400	0.060	0.355	0	0.150	0.035	2,453
39	4	0	0.420	0.170	0.335	0.015	0.040	0.020	2,524
40	4	0	0.400	0.095	0.430	0	0.040	0.035	2,370
41	1	0	0.400	0.065	0.430	0	0.070	0.035	2,315
42	1	0	0.410	0.055	0.410	0	0.090	0.035	2,340
43	1	0	0.400	0.060	0.405	0	0.100	0.035	2,328
44	1	0	0.390	0.145	0.355	0	0.070	0.040	2,328
45	1	0	0.410	0.060	0.455	0	0.050	0.025	2,338
46	4	0	0.410	0.065	0.385	0	0.100	0.040	2,369
47	5	0	0.410	0.065	0.385	0	0.100	0.040	2,445
48	4	0	0.400	0.085	0.415	0	0.060	0.040	2,359
49	5	0	0.390	0.060	0.395	0.035	0.080	0.040	2,458
50	4	0	0.390	0.100	0.290	0	0.180	0.040	2,385
51	1	0	0.400	0.080	0.400	0	0.080	0.040	2,320
52	4	0	0.390	0.115	0.395	0	0.060	0.040	2,366
53	5	0	0.400	0.085	0.455	0	0.020	0.040	2,393
54	5	0	0.386	0.198	0.286	0	0.095	0.035	2,463
55	4	0	0.388	0.118	0.225	0	0.234	0.035	2,418
56	3	0	0.393	0.103	0.297	0	0.174	0.033	2,572
57	4	0	0.376	0.221	0.298	0	0.072	0.033	2,440
58	4	0	0.385	0.200	0.380	0	0	0.035	2,416
59	5	0	0.412	0.165	0.232	0	0.157	0.034	2,537
60	4	0	0.430	0.310	0.110	0	0.070	0.080	2,505
61	5	0	0.374	0.215	0.346	0	0.031	0.034	2,414
62	2	0	0.374	0.158	0.316	0	0.119	0.033	2,466
63	5	0	0.400	0.220	0.280	0	0.052	0.048	2,464
64	4	0	0.400	0.280	0.285	0	0	0.035	2,499
65	5	0	0.380	0.160	0.373	0	0.047	0.040	2,399
66	1	0	0.390	0.130	0.313	0	0.137	0.030	2,369
67	5	0	0.347	0.247	0.316	0	0.060	0.030	2,389
68	1	0	0.400	0.180	0.342	0	0.048	0.030	2,369
69	4	0	0.380	0.142	0.448	0	0	0.030	2,374
70	2	0	0.410	0.190	0.300	0	0.070	0.030	2,540
71	3	0	0.418	0.052	0.450	0	0.050	0.030	2,551
平均									2,495

付録5　測定要領

　測定は，JIS C 7612「照度測定方法」に準じて行うものとし，各照明施設に応じた測定要領を付表5－1に示す。なお，道路管理者から別に測定要領等が示されるときは，それによるものとする。

付表5－1　測定要領一覧

	照明施設	分　　類
5－1	連続照明	
5－2	交差点の照明	横断歩道がある交差点 横断歩道がない交差点
5－3	横断歩道の照明	歩行者の背景を照明する方式 歩行者自身を照明する方式
5－4	歩道等の照明	
5－5	トンネル照明	基本照明 入口部照明 歩道部の照明 非常駐車帯の照明 避難通路の照明

5－1　連続照明

　測定範囲は，連続照明の標準区間1スパンとし，定格点灯において付図5－1に示す車線内の○印および◎印の路面照度を測定する。

　道路横断方向の測定点数は1車線あたり3点（等間隔）とし，車線数に応じて設定する。道路縦断方向の測定点は，測定範囲において5mを目安に等分割できる間隔とする。

　また，運用において減光を採用している場合には，調光率を確認する目的として◎印の箇所を測定する。

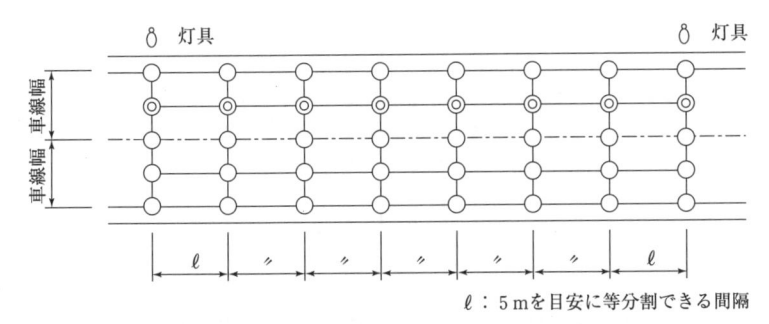

付図5－1　連続照明の照度測定位置の例

5－2　交差点の照明

測定範囲は交差点内とし，付図5－2，付図5－3に●印で示す測定位置について，定格点灯における路面照度を測定する。

1）横断歩道のある交差点

横断歩道のある交差点における測定点の間隔 $\ell 1$，$\ell 2$ は，3～3.5 mを目安として車道幅員に両端の歩道部約1mを加えた長さを等分割できる間隔とする。

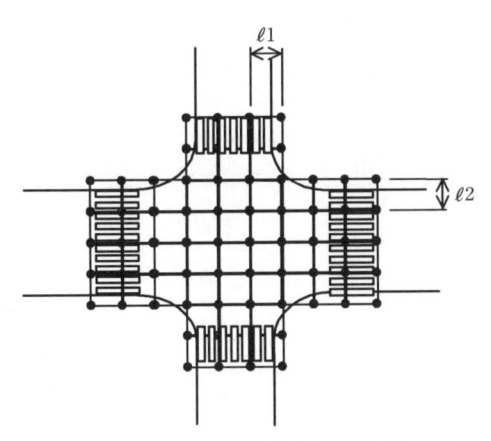

付図5－2　横断歩道のある交差点の照度測定位置の例

2）横断歩道のない交差点

横断歩道のない交差点における測定点の間隔 $\ell 1$，$\ell 2$ は，3～3.5 mを目安として車道幅員を等分割できる間隔とする。

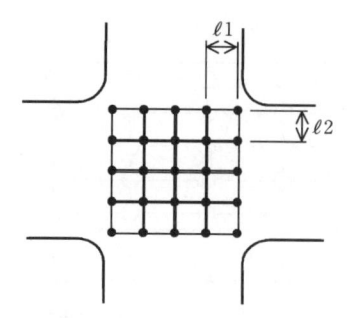

付図5－3　横断歩道のない交差点の照度測定位置の例

5－3　横断歩道の照明

1）歩行者の背景を照明する方式

　　測定範囲は横断歩道の背景となる照明範囲（35 m）とし，定格点灯において付図5－4に示す○印の路面照度を測定する。

　　道路横断方向の測定点は車線上とする。なお，横断歩道を挟んで配置される2灯の横断歩道からの距離が異なる場合は，各灯具による照度をそれぞれ測定するものとする。

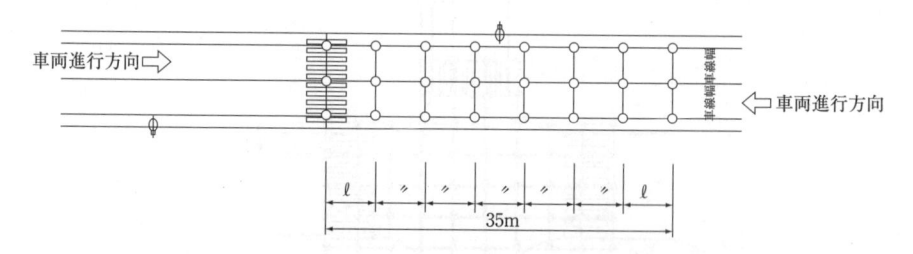

ℓ：5mを目安に等分割できる間隔

付図5－4　歩行者の背景を照明する方式の照度測定位置の例

2）歩行者自身を照明する方式

　　測定位置は横断歩道中心線上高さ1mの車道軸に直角で自動車の進行方向に対向する方向とし，定格点灯において付図5－5に示す鉛直面照度を測定する。

　　道路横断方向の測定点数は路端を含み1車線あたり3点（等間隔）とし，車線数に応じて設定する。

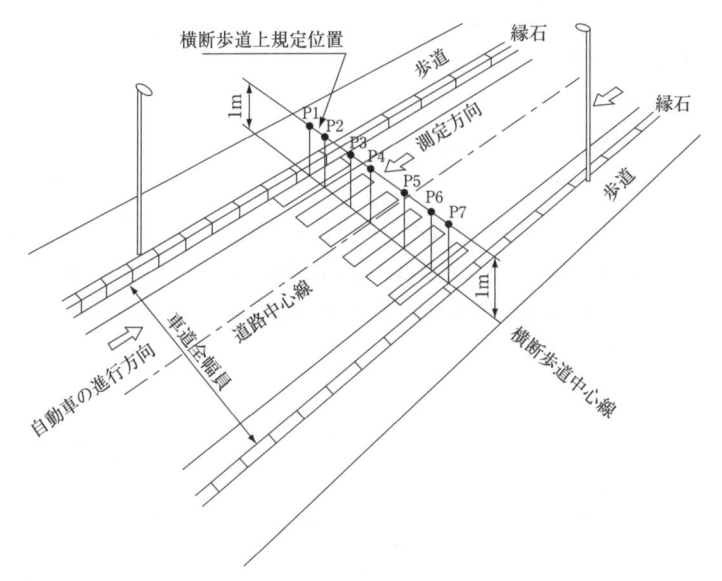

付図 5－5 歩行者自身を照明する方式の照度測定位置の例

5－4　歩道等の照明

　測定範囲は歩道等の照明の標準区間1スパンとし，定格点灯において付図5－6に示す歩道内の〇印の路面照度を測定する。

　歩道等の横断方向の測定点数は の3点（等間隔）とする。歩道等の縦断方向の測定点数は，灯具間隔をSとして1スパンあたり$S/4$の5点（等間隔）とする。

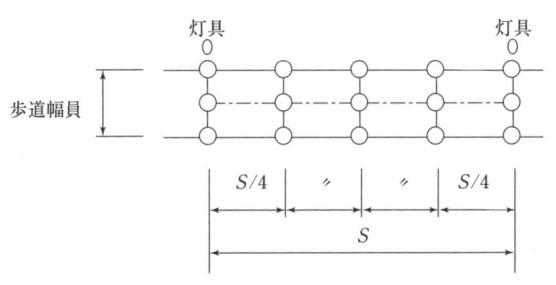

付図 5－6 歩道等の照明の照度測定位置の例

5-5 トンネル照明

1) 基本照明

基本照明の測定範囲は標準区間2スパンとし，付図5-7に示す車線内の○印の路面照度を測定する。

道路横断方向の測定点数は1車線あたり3点（等間隔）とし，車線数に応じて設定する。道路縦断方向の測定点数は，灯具間隔をSとして1スパンあたり$S/4$の5点（等間隔）とする。点灯パターンは，全点灯を原則とし，設備規模および制御方法に応じて適宜設定するものとする。

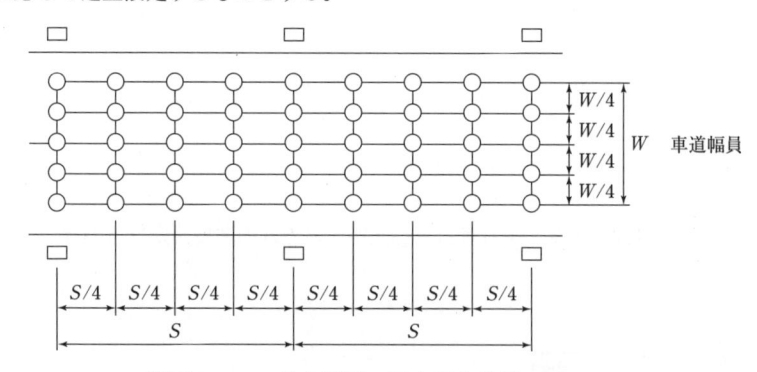

付図5-7　基本照明の照度測定位置の例

2) 入口部照明

入口部照明の測定範囲は，入口部照明に基本照明の2スパンを加えた区間とし，付図5-8に示す車線内の○印の路面照度を測定する。

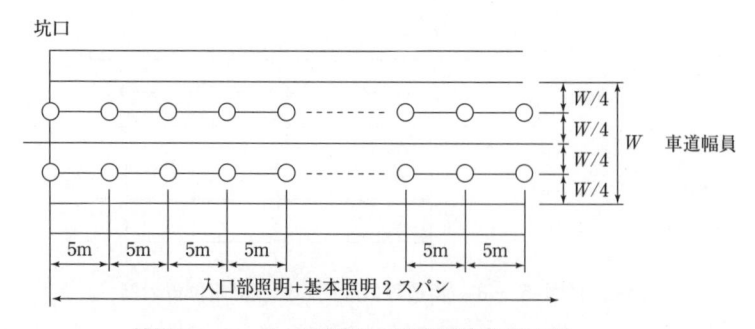

付図5-8　入口部照明の照度測定位置の例

道路横断方向の測定点数は各車線の中心1点とし，車線数に応じて設定する。道路縦断方向については，測定区間全体について5m間隔に測定する。点灯パターンは，全点灯を原則とし，設備規模および制御方法に応じて適宜設定するものとする。

3) 歩道部の照明

歩道部の照明の測定範囲は，基本照明2スパンとし，付図5-9に示す歩道内の○印の路面照度を測定する。ただし，専用灯具が設置される場合は，専用灯具2スパンを対象とする。

歩道横断方向の測定点数は，歩道部の3点（等間隔）とする。歩道縦断方向の測定点数は，灯具間隔をSとして1スパンあたり$S/4$の5点（等間隔）とする。（専用灯具が設置される場合は，1スパンあたり$S/2$の3点とする。）点灯パターンは，調光（夜間または深夜）とする。ただし，基本照明が常時点灯の場合は，全点灯とする。

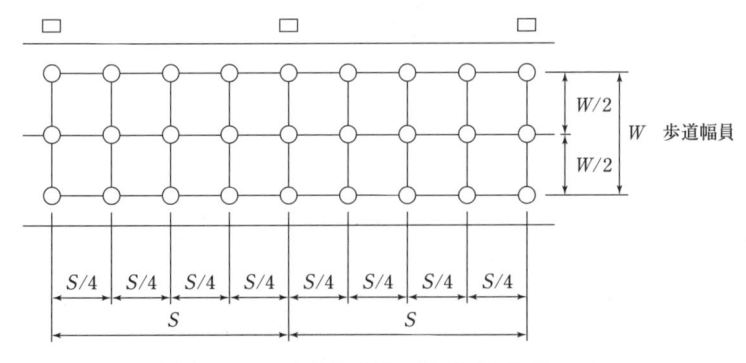

付図5-9　歩道部照明の照度測定位置の例

4) 非常駐車帯の照明

非常駐車帯の照明の測定範囲は，非常駐車帯部とそれに隣接する車道部についてそれぞれ設定し，付図5-10，付図5-11のように○印の路面照度を測定する。

ⅰ) 車道部

道路横断方向の測定点数は1車線あたり3点（等間隔）とし，車線数に応じて設定する。縦断方向の測定点数は，非常駐車帯の延長をℓとして$\ell/10$の11点（等間隔）とする。点灯パターンは全点灯とする。

ⅱ) 非常駐車帯部

横断方向の測定点数は3点（等間隔）とする。縦断方向の測定点数は，非常駐

車帯の延長を ℓ として $\ell/10$ の11点（等間隔）とする。点灯パターンは，調光（夜間または深夜）とする。ただし，基本照明が常時点灯の場合は全点灯とする。

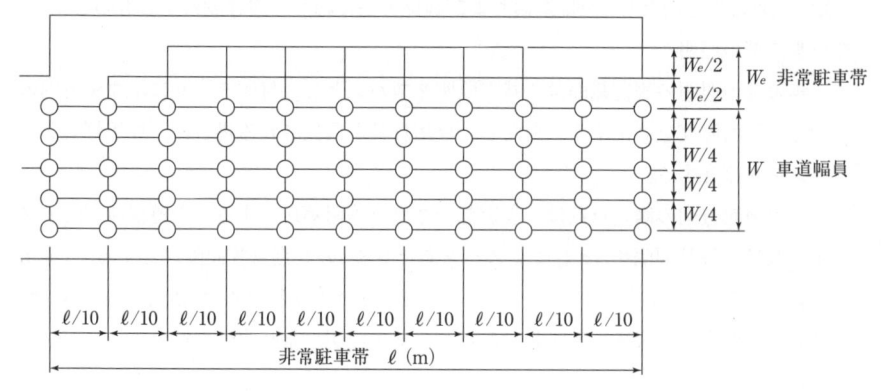

付図5－10　非常駐車帯照明における車道部の照度測定位置の例

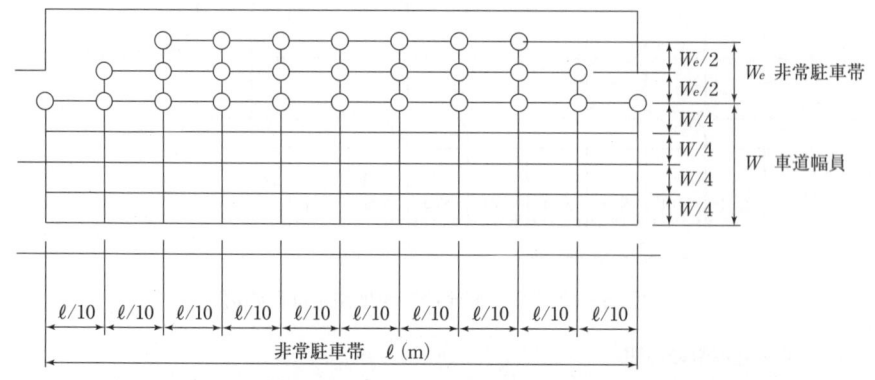

付図5－11　非常駐車帯照明における非常駐車帯部の照度測定位置の例

5）避難通路の照明

　避難通路の照明の測定範囲は標準区間2スパンとし，定格点灯において付図5－12に示す通路内の○印の路面照度を測定する。

　通路横断方向の測定点数は通路部の3点（等間隔）とする。通路縦断方向の測定点数は，灯具間隔を S として1スパンあたり $S/2$ の3点（等間隔）とする。

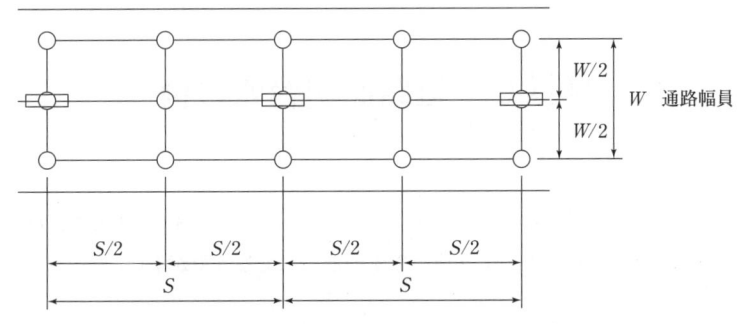

付図 5－12 避難通路照明の照度測定位置の例

5－6 平均照度の算出方法

　平均照度は，原則としてJIS C 7612「照度測定方法の6.2平均照度の算出方法」により，4点法にて算出するものとする。

付録6　道路照明台帳の例

　道路照明台帳の例を以下に示す。この台帳は一つの例であるので，使用にあたっては，それぞれ創意工夫し改良して，より使いやすい形にして使うのがよい。

道路照明台帳
（1）台帳は付表6－1による。
（2）台帳の記入にあたっては，以下について注意すること。
　1）補修履歴の欄には，光源・安定器・点滅器等の交換，塗装等について記入すること。また，特に必要な場合は，それらの原因等を備考の欄に記入すること。
　2）現況写真の欄には，道路照明施設の設置されている環境もわかる写真を添付すること。
　3）位置図の欄には，道路照明施設の設置位置を1/500～1/1,000の平面図上に◎印（赤色）をもって明示し，それぞれの道路照明施設の管理番号を記入すること。
　4）標準断面図（側面）の欄には，基礎構造を含め寸法を明示し，灯具の傾斜角度も記入すること。また，特に必要な場合は，地下電線の配管状況および電源引き込み関連等を明記すること。

付表6－1　道路照明台帳

道路照明台帳								(表)
管理番号		路線名		管轄		台帳番号		
所在地		距離標				完成年月		
連続・局部の別		電源方式			日付	内容	備　考	
設置箇所		灯具型式		補修履歴				
照明ポール型式		光源	種類					
高さ・灯数			型式					
表面塗装処理		安定器型式						
照明柱製造年		点滅器	形式		現況写真			
基礎型式			電圧					
ベースピッチ			電流					
電力	契約種別	引込方式						
	契約容量	引込柱番号						
	契約番号	支払営業所						
備　考								

道路照明台帳				(裏)
管理番号		路線名	管轄	台帳番号
所在地		距離標		完成年月
位置図			標準断面図(側面)	

```
┌─────────────────────────────────────────────┐
│         執　筆　者（五十音順）                │
│                                              │
│   池 原 圭 一    石 村 利 明    犬 飼　　昇   │
│   大 橋 秀 治    京 藤 伸 弘    後 藤 政 弘   │
│   小 嶋 正 一    坂 井 弘 義    坂 田 信 之   │
│   坂 本 正 悦    髙 橋　　滋    竹 内 秀 行   │
│   永 井　　渉    西 川 清 司    平 川　　洋   │
│   舟 田 光 志    古 川 一 茂    堀 内 浩三郎   │
└─────────────────────────────────────────────┘
```

道路照明施設設置基準・同解説

昭和42年10月20日　　初版第1刷発行
昭和56年 4 月25日　　昭和56年改訂版第1刷発行
平成19年10月 1 日　　平成19年改訂版第1刷発行
令和 5 年 9 月15日　　　　　　第10刷発行

編　集
発行所　公益社団法人　日 本 道 路 協 会
　　　　東京都千代田区霞が関 3 - 3 - 1

印刷所　大 和 企 画 印 刷 株 式 会 社

発売所　丸 善 出 版 株 式 会 社
　　　　東京都千代田区神田神保町 2 - 17

ISBN978-4-88950-126-1　C2051

Memo

Memo

Memo

日本道路協会出版図書案内

図　書　名	ページ	定価(円)	発行年
交通工学			
クロソイドポケットブック（改訂版）	369	3,300	S49. 8
自転車道等の設計基準解説	73	1,320	S49.10
立体横断施設技術基準・同解説	98	2,090	S54. 1
道路照明施設設置基準・同解説（改訂版）	240	5,500	H19.10
附属物（標識・照明）点検必携 〜標識・照明施設の点検に関する参考資料〜	212	2,200	H29. 7
視線誘導標設置基準・同解説	74	2,310	S59.10
道路緑化技術基準・同解説	82	6,600	H28. 3
道路の交通容量	169	2,970	S59. 9
道路反射鏡設置指針	74	1,650	S55.12
視覚障害者誘導用ブロック設置指針・同解説	48	1,100	S60. 9
駐車場設計・施工指針同解説	289	8,470	H 4.11
道路構造令の解説と運用（改訂版）	742	9,350	R 3. 3
防護柵の設置基準・同解説（改訂版） ボラードの設置便覧	246	3,850	R 3. 3
車両用防護柵標準仕様・同解説（改訂版）	164	2,200	H16. 3
路上自転車・自動二輪車等駐車場設置指針 同解説	74	1,320	H19. 1
自転車利用環境整備のためのキーポイント	140	3,080	H25. 6
道路政策の変遷	668	2,200	H30. 3
地域ニーズに応じた道路構造基準等の取組事例集（増補改訂版）	214	3,300	H29. 3
道路標識設置基準・同解説（令和2年6月版）	413	7,150	R 2. 6
道路標識構造便覧（令和2年6月版）	389	7,150	R 2. 6
橋　梁			
道路橋示方書・同解説（Ⅰ共通編）（平成29年版）	196	2,200	H29.11
〃（Ⅱ鋼橋・鋼部材編）（平成29年版）	700	6,600	H29.11
〃（Ⅲコンクリート橋・コンクリート部材編）（平成29年版）	404	4,400	H29.11
〃（Ⅳ下部構造編）（平成29年版）	572	5,500	H29.11
〃（Ⅴ耐震設計編）（平成29年版）	302	3,300	H29.11
平成29年道路橋示方書に基づく道路橋の設計計算例	564	2,200	H30. 6
道路橋支承便覧（平成30年版）	592	9,350	H31. 2
プレキャストブロック工法によるプレストレスト コンクリートTげた道路橋設計施工指針	81	2,090	H 4.10
小規模吊橋指針・同解説	161	4,620	S59. 4
道路橋耐風設計便覧（平成19年改訂版）	300	7,700	H20. 1

日本道路協会出版図書案内

図　書　名	ページ	定価(円)	発行年
鋼　道　路　橋　設　計　便　覧	652	7,700	R 2.10
鋼　道　路　橋　疲　労　設　計　便　覧	330	3,850	R 2. 9
鋼　道　路　橋　施　工　便　覧	694	8,250	R 2. 9
コンクリート道路橋設計便覧	496	8,800	R 2. 9
コンクリート道路橋施工便覧	522	8,800	R 2. 9
杭基礎設計便覧（令和2年度改訂版）	489	7,700	R 2. 9
杭基礎施工便覧（令和2年度改訂版）	348	6,600	R 2. 9
道路橋の耐震設計に関する資料	472	2,200	H 9. 3
既設道路橋の耐震補強に関する参考資料	199	2,200	H 9. 9
鋼管矢板基礎設計施工便覧（令和4年度改訂版）	407	8,580	R 5. 2
道路橋の耐震設計に関する資料 （PCラーメン橋・RCアーチ橋・PC斜張橋等の耐震設計計算例）	440	3,300	H10. 1
既設道路橋基礎の補強に関する参考資料	248	3,300	H12. 2
鋼道路橋塗装・防食便覧資料集	132	3,080	H22. 9
道　路　橋　床　版　防　水　便　覧	240	5,500	H19. 3
道路橋補修・補強事例集（2012年版）	296	5,500	H24. 3
斜面上の深礎基礎設計施工便覧	336	6,050	R 3.10
鋼　道　路　橋　防　食　便　覧	592	8,250	H26. 3
道路橋点検必携～橋梁点検に関する参考資料～	480	2,750	H27. 4
道路橋示方書・同解説Ⅴ耐震設計編に関する参考資料	305	4,950	H27. 4
道路橋ケーブル構造便覧	462	7,700	R 3.11
道路橋示方書講習会資料集	404	8,140	R 5. 3
舗　　装			
アスファルト舗装工事共通仕様書解説（改訂版）	216	4,180	H 4.12
アスファルト混合所便覧（平成8年版）	162	2,860	H 8.10
舗装の構造に関する技術基準・同解説	104	3,300	H13. 9
舗装再生便覧（平成22年版）	290	5,500	H22.11
舗装性能評価法(平成25年版)―必須および主要な性能指標編―	130	3,080	H25. 4
舗装性能評価法別冊 ―必要に応じ定める性能指標の評価法編―	188	3,850	H20. 3
舗装設計施工指針（平成18年版）	345	5,500	H18. 2
舗装施工便覧（平成18年版）	374	5,500	H18. 2
舗　装　設　計　便　覧	316	5,500	H18. 2
透水性舗装ガイドブック2007	76	1,650	H19. 3
コンクリート舗装に関する技術資料	70	1,650	H21. 8

日本道路協会出版図書案内

図書名	ページ	定価(円)	発行年
コンクリート舗装ガイドブック2016	348	6,600	H28. 3
舗装の維持修繕ガイドブック2013	250	5,500	H25.11
舗装の環境負荷低減に関する算定ガイドブック	150	3,300	H26. 1
舗装点検必携	228	2,750	H29. 4
舗装点検要領に基づく舗装マネジメント指針	166	4,400	H30. 9
舗装調査・試験法便覧（全4分冊）（平成31年版）	1,929	27,500	H31. 3
舗装の長期保証制度に関するガイドブック	100	3,300	R 3. 3
アスファルト舗装の詳細調査・修繕設計便覧	250	6,490	R 5. 3
道路土工			
道路土工構造物技術基準・同解説	100	4,400	H29. 3
道路土工構造物点検必携（令和2年版）	378	3,300	R 2.12
道路土工要綱（平成21年度版）	450	7,700	H21. 6
道路土工－切土工・斜面安定工指針（平成21年度版）	570	8,250	H21. 6
道路土工－カルバート工指針（平成21年度版）	350	6,050	H22. 3
道路土工－盛土工指針（平成22年度版）	328	5,500	H22. 4
道路土工－擁壁工指針（平成24年度版）	350	5,500	H24. 7
道路土工－軟弱地盤対策工指針（平成24年度版）	400	7,150	H24. 8
道路土工－仮設構造物工指針	378	6,380	H11. 3
落石対策便覧	414	6,600	H29.12
共同溝設計指針	196	3,520	S61. 3
道路防雪便覧	383	10,670	H 2. 5
落石対策便覧に関する参考資料 －落石シミュレーション手法の調査研究資料－	448	6,380	H14. 4
トンネル			
道路トンネル観察・計測指針（平成21年改訂版）	290	6,600	H21. 2
道路トンネル維持管理便覧【本体工編】（令和2年版）	520	7,700	R 2. 8
道路トンネル維持管理便覧【付属施設編】	338	7,700	H28.11
道路トンネル安全施工技術指針	457	7,260	H 8.10
道路トンネル技術基準（換気編）・同解説（平成20年改訂版）	280	6,600	H20.10
道路トンネル技術基準（構造編）・同解説	322	6,270	H15.11
シールドトンネル設計・施工指針	426	7,700	H21. 2
道路トンネル非常用施設設置基準・同解説	140	5,500	R 1. 9
道路震災対策			
道路震災対策便覧（震前対策編）平成18年度版	388	6,380	H18. 9

日本道路協会出版図書案内

図　書　名	ページ	定価(円)	発行年
道路震災対策便覧（震災復旧編）（令和4年度改定版）	545	9,570	R 5. 3
道路震災対策便覧（震災危機管理編）（令和元年7月版）	326	5,500	R 1. 8
道路維持修繕			
道　路　の　維　持　管　理	104	2,750	H30. 3
英語版			
道路橋示方書（Ⅰ共通編）〔2012年版〕（英語版）	160	3,300	H27. 1
道路橋示方書（Ⅱ鋼橋編）〔2012年版〕（英語版）	436	7,700	H29. 1
道路橋示方書（Ⅲコンクリート橋編）〔2012年版〕（英語版）	340	6,600	H26.12
道路橋示方書（Ⅳ下部構造編）〔2012年版〕（英語版）	586	8,800	H29. 7
道路橋示方書（Ⅴ耐震設計編）〔2012年版〕（英語版）	378	7,700	H28.11
舗装の維持修繕ガイドブック2013（英語版）	306	7,150	H29. 4
アスファルト舗装要綱（英語版）	232	7,150	H31. 3

※消費税10%を含みます。

発行所（公社）日本道路協会　☎(03)3581-2211
発売所　丸善出版株式会社　☎(03)3512-3256
　　　丸善雄松堂株式会社　学術情報ソリューション事業部
　　　　法人営業統括部　カスタマーグループ
　　　　　TEL：03-6367-6094　FAX：03-6367-6192　Email：6gtokyo@maruzen.co.jp

日本道路協会出版図書案内

図　書　名	ページ	定価(円)	発行年
コンクリート舗装ガイドブック２０１６	348	6,600	H28. 3
舗装の維持修繕ガイドブック２０１３	250	5,500	H25.11
舗装の環境負荷低減に関する算定ガイドブック	150	3,300	H26. 1
舗　装　点　検　必　携	228	2,750	H29. 4
舗装点検要領に基づく舗装マネジメント指針	166	4,400	H30. 9
舗装調査・試験法便覧（全4分冊）(平成31年版)	1,929	27,500	H31. 3
舗装の長期保証制度に関するガイドブック	100	3,300	R 3. 3
アスファルト舗装の詳細調査・修繕設計便覧	250	6,490	R 5. 3
道路土工			
道　路　土　工　構　造　物　技　術　基　準・同　解　説	100	4,400	H29. 3
道路土工構造物点検必携（令和２年版）	378	3,300	R 2.12
道　路　土　工　要　綱（平　成　２１　年　度　版）	450	7,700	H21. 6
道路土工－切土工・斜面安定工指針（平成21年度版）	570	8,250	H21. 6
道路土工－カルバート工指針（平成21年度版）	350	6,050	H22. 3
道路土工－盛土工指針（平成２２年度版）	328	5,500	H22. 4
道路土工－擁壁工指針（平成２４年度版）	350	5,500	H24. 7
道路土工－軟弱地盤対策工指針（平成24年度版）	400	7,150	H24. 8
道　路　土　工－仮　設　構　造　物　工　指　針	378	6,380	H11. 3
落　石　対　策　便　覧	414	6,600	H29.12
共　同　溝　設　計　指　針	196	3,520	S61. 3
道　路　防　雪　便　覧	383	10,670	H 2. 5
落石対策便覧に関する参考資料 ―落石シミュレーション手法の調査研究資料―	448	6,380	H14. 4
トンネル			
道路トンネル観察・計測指針（平成21年改訂版）	290	6,600	H21. 2
道路トンネル維持管理便覧【本体工編】（令和2年版）	520	7,700	R 2. 8
道路トンネル維持管理便覧【付属施設編】	338	7,700	H28.11
道　路　トンネル　安　全　施　工　技　術　指　針	457	7,260	H 8.10
道路トンネル技術基準（換気編）・同解説（平成20年改訂版）	280	6,600	H20.10
道　路　トンネル　技　術　基　準（構　造　編）・同　解　説	322	6,270	H15.11
シ　ー　ル　ド　トンネル　設　計・施　工　指　針	426	7,700	H21. 2
道路トンネル非常用施設設置基準・同解説	140	5,500	R 1. 9
道路震災対策			
道路震災対策便覧（震前対策編）平成18年度版	388	6,380	H18. 9

日本道路協会出版図書案内

図　書　名	ページ	定価(円)	発行年
道路震災対策便覧（震災復旧編）(令和4年度改定版)	545	9,570	R 5. 3
道路震災対策便覧（震災危機管理編）(令和元年7月版)	326	5,500	R 1. 8
道路維持修繕			
道　路　の　維　持　管　理	104	2,750	H30. 3
英語版			
道路橋示方書（Ⅰ共通編）〔2012年版〕（英語版）	160	3,300	H27. 1
道路橋示方書（Ⅱ鋼橋編）〔2012年版〕（英語版）	436	7,700	H29. 1
道路橋示方書（Ⅲコンクリート橋編）〔2012年版〕（英語版）	340	6,600	H26.12
道路橋示方書（Ⅳ下部構造編）〔2012年版〕（英語版）	586	8,800	H29. 7
道路橋示方書（Ⅴ耐震設計編）〔2012年版〕（英語版）	378	7,700	H28.11
舗装の維持修繕ガイドブック2013（英語版）	306	7,150	H29. 4
ア ス フ ァ ル ト 舗 装 要 綱（英語版）	232	7,150	H31. 3

※消費税10％を含みます。

発行所 （公社)日本道路協会　☎(03)3581-2211
発売所 丸善出版株式会社　☎(03)3512-3256
　　　丸善雄松堂株式会社　学術情報ソリューション事業部
　　　　法人営業統括部　カスタマーグループ
　　　　　TEL：03-6367-6094　FAX：03-6367-6192　Email：6gtokyo@maruzen.co.jp